ゼロから学べる！
ファシリテーション超技術

會議思路導引超級技巧

會議思路導引師
園部浩司
Koji Sonobe

張萍——譯

書泉出版社 印行

前言

參與「會議」時是否曾遇過令人感到困擾的事情，或者現在正在困擾你的事情是什麼呢？

有符合以下任何一項嗎？

□會議冗長　□無法收斂／沒有結論　□離題
□不提出意見／不說真心話　□會議整體的氣氛差
□主題不明確，不知道為何開會（目的不明確）
□有些人滔滔不絕（發言者偏頗）
□有負面發言、否定性發言的人存在
□事前準備不足
□有一些對會議漠不關心的人存在（只顧著做自己的事情）

還有，以下這件事情就算是有經驗的會議思路導引師，恐怕也會這麼認爲吧？

□我適合發言嗎？

以上是本人在座談會、進行教育訓練課程時，調查詢問超過6600位商務人士後彙整而出「面對會議課題」的「眞實心聲」。

任職於NEC集團期間，我主持過許多場會議。實際上一年可能就超過1000場。

當初我並不清楚思路導引學（Facilitation）或是會議思路導引師等的本質，只知道何謂「會議主持人」。所以，我只能拼命地「處理」這些不斷召開的會議。

當時的我自己閱讀了一些關於會議導引相關的書籍，並且參加一些與「會議」相關的工作坊（work shop），想說先學會這些知識，等到眞正需要上場時，「一旦會議結論無法收斂，最後應該就能夠強硬地提出自己的意見吧！」

不過，實際上當我這樣做的時候，卻遭到同仁們強烈地抗議，一些女性員工甚至直接找我談判：「園部先生完全不了解大家的心情。這樣的話我不認爲會有人想要買單唷！」

雖然我這樣做的目的是「想要做一些對的事情」，但是卻讓我意識到這樣一來只會消磨人際關係。

然而，因爲有幸擔任會議思路導引師，我不得不去面對自己的問題，並且在迂迴曲折的過程中逐漸找出個人獨特的、能夠讓會議順利進行的方法。

爲了要在更短的時間內展現工作成果，我想很多人都能夠實際感受到，現在已經進入大聲疾呼要好好「運用AI」等工具的時代，然而其中卻仍有一個僵固依舊、完全沒有進化的事物存在，那就是「會議」。

理由非常簡單。

因為幾乎沒有人能夠了解究竟什麼是「優質的會議」。

說到「會議」往往會讓人想起針鋒相對的國會現場、等不及他人講完就插嘴講述個人意見直到清晨的政論節目等，恐怕有不少人在不知不覺中就會將這種談不上有建設性的討論方式輸入腦中。

然而，在此我想要清楚地告訴各位。

會議進行中絕對要避免激烈的辯論。

有些人認為「會議過程中討論得越熱烈，越能夠得到結論」，這其實有著相當大的誤解。

各位認為會議氣氛突然變得熱烈起來會是在怎樣的狀態下呢？總歸來說，不就是想要凸顯「個人意見正確度」的時候嗎？

A的意見與B的意見正好相反，決定該採用誰的意見時，A與B都主張「自己的正確性」，會議就會陷入膠著。

當話題在勝負或是對錯之間拉扯，就會離具有建設性的討論越來越遙遠。

在這樣的狀態下，當然會拖延會議時間、某些人會拉長自己講話時間、將那些沒有表達意見的人置之不理、整個會議的氣氛變得不融洽，結果還是沒有辦法提出結論，因而延宕到下一次會議。或是，到最後由老闆的一錘定音直接決定要採用哪一種方案，而陷入「過去大家耗費的那些時間到底算什麼！」的疑惑。

如同本文開頭所提到的「令人感到困擾的問題」，那些任誰都消化不良、毫無結論的會議總是不斷地出現。

或許世界上的確有些公司敢說「本公司氣氛融洽，能夠進行有建設性的討論」。

在氣氛良好的狀態下，會議確實比較能夠順利進行。

然而，在那種狀態下也會有非常多的意見冒出來，最後往往會因為「那……這樣的話，該怎麼做才好呢？」而陷入無法收斂的狀態，所以「一直無法收斂」、「耗費時間」的問題還是沒有解決。

為什麼會變成這樣呢？

簡單來說，是「因為大家急於想要找出問題的解決方案」。

以「找出銷售量低迷的理由」為目的召開會議時，幾乎所有人都急於想要討論出解決方案，「該怎麼做才能夠恢復銷售量呢？」

進行討論，其實有一定的順序。

急於討論解決方案，恐怕會造成會議無法順利成功達到目的。本書將會詳細告訴大家如何解決這個問題。

首先，請思考一下什麼是「優質的會議」呢？

其實就是和先前列舉出的「令人感到困擾的會議課題」確認清單相反。

・守時
・收斂整理／做出決議
・沒有離題
・有人提出意見／願意說真心話
・整體會議的氣氛良好
・主題明確
・沒有那些滔滔不絕的人存在
・沒有負面發言、否定性發言的人存在

將上述這些項目簡單地進行系統化整理後，我們可以把以下3點視爲「優質的會議」條件。

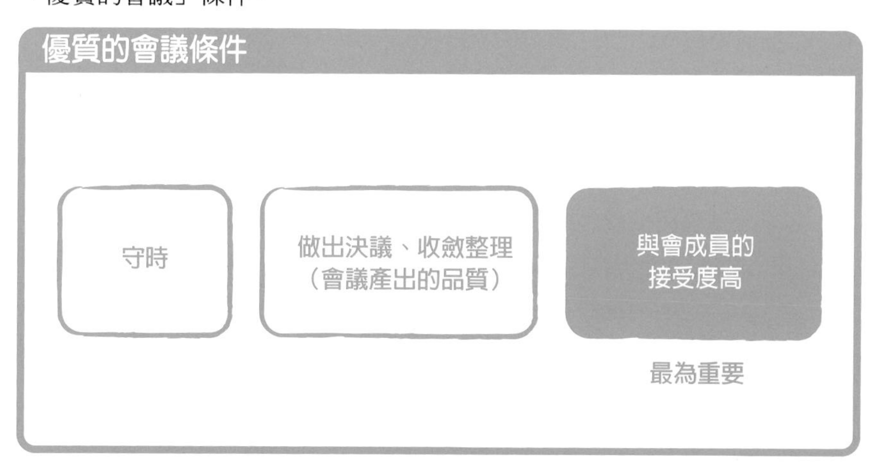

如果沒有達到「守時」、「做出決議、收斂整理」、「與會成員的接受度高」這3個條件，就談不上是「優質的會議」。

準時結束、做出決定雖然也很重要，**但是更重要的應該是「與會成員**

的接受度」。因為如果大家不接受會議結論，就不會有所行動。會議結束後，回到工作現場是否能夠執行會議中所決議的事情，這個部分就會和「接受度」有關。

就算是覺得「我們部長的話超多，完全沒在管會議的結束時間。所以根本不可能準時結束」、「我們公司不可能達到這種條件。因爲自我主義強烈的人太多，根本無法收斂」、「某位主管身邊有很多追隨者……。主管的意見最後都會成爲結論，但是這種令人無法接受的會議接下來還會持續召開吧……」、「我們公司是不可能的！」等已經遭遇到挫折的人也請安心。

只需要打開這本書，「幾乎就可以完全」消除前述「令人感到困擾的會議課題」確認清單！

我目前擔任專業的會議思路導引師，協助召開各式各樣的企業會議、進行會議導引或是會議改革的顧問諮詢工作。此外，也開設解決問題能力、次世代領導力等相關人才培訓課程，每年大約會輔導2500人。

主管或是專案負責人當然不用多說，現在的年輕一代也有機會擔任專案管理者，各個年齡層都有可能在會議中扮演會議思路導引師的角色。

如果能夠透過本書掌握會議導引、了解會議思路導引師的奧義，**當自己突然被要求在今天或是明天扮演這種角色時，應該就可以主持一場讓所有與會成員都欣然接受的優質會議。**

還有一個好處就是當你學會如何進行會議導引後，還可以期待「工作會變得非常愉悅」的附加效果。

不論是業務部的各個決策會議亦或是組織風氣改善會議，會議導引的首要工作都是去探尋正確答案，因此必須確實聆聽人們各式各樣的聲音。

在這個過程中會涉及到團隊成員、相關者等衆多人員，大家必須共同朝向達成解決問題這個目標一起努力前進。此處共同產出的想法或是意見，之後必定會與「優質工作」連結、創造出更高的成果。

不論問題是否難解，都很難單靠自己的力量去解決。工作夥伴之間一定會出現與自己理念不同的想法或是意見。我們可以在實踐導引的過程中實際感受到還是有一些值得信賴的夥伴存在。

我發現在職場上沒有必要一個人緊抱著所有的問題不放，藉由圓融的人際關係去處理，才會漸入佳境。工作的價值觀因人而異，因此會產生不同的衝擊。

不論怎樣的問題來襲都應該抱持著巨大的信心，認爲「因爲有這些夥伴存在，所以一定可以解決」。

學習會議導引這件事情，對我而言不僅是工作所需，也是一股讓整個人生產生戲劇性變化的力量。

在此期望各位讀者都能夠藉由這樣的會議導引方式活絡公司氣氛，只要能夠與「優質工作」有所連結就是非常令人欣喜的事。

園部牧場株式會社

園部浩司

2020年10月吉日

導引力是解決問題的基本能力

我認爲解決問題需要有7大能力。

這7大能力分別是「企劃力」、「簡報力」、「專案管理力」、「導引力」、「邏輯思考力」、「人格力」、「溝通力」。

所謂企劃力是指發現問題、提出解決方案的能力。將企劃內容用清楚易懂的方式向主管或是相關人員說明，這時候需要的是簡報力。待企劃被正式認可後，才會準備開始執行。啓動相關工作時必須組成團隊、統合相關成員的向量（能力強項）、引導出每位成員的極限能力並且產出成果，在此所需的是專案管理力。

那麼，何謂導引力呢？就是要成功執行前述「工作」的基本能力。

訂定企劃時，無法單靠一人擬定解決方案，必須與衆人討論後再進行企劃提案。當然，還必須要召開會議，製作簡報資料時，也要請與會成員先提出意見再進行製作。在企劃提案、啓動專案、產生成果的過程中都需要導引力，因爲必須知道該如何執行、該如何推動工作等，在工作完成之前，也需要持續召開會議。會議的本質可以說是直接與工作生產力連動。

這意味著工作的基本能力就是導引力。

會議進行中必須要具備能夠整理各方意見的邏輯思考力。然而，目前我們所提及的這些商業技巧──「能力」，或許會給人一種不近人情的冰冷印象。

我到了30幾歲還在拼命鑽研這些商業技巧，但是我有一個天生不足的地方，那就是溝通力。

無論如何鑽研商業技巧，只要溝通力不足就無法順利進行。溝通力必須建立在人與人之間的信賴關係之上，再者，還應該要學會去思考「是否願意爲了這個人兩肋插刀呢？」的人格力。

其中，導引力是整個工作的基礎、位居最核心的位置。閱讀本書時請保持這樣的意識，更能夠釐清整個導引工作必須扮演的角色

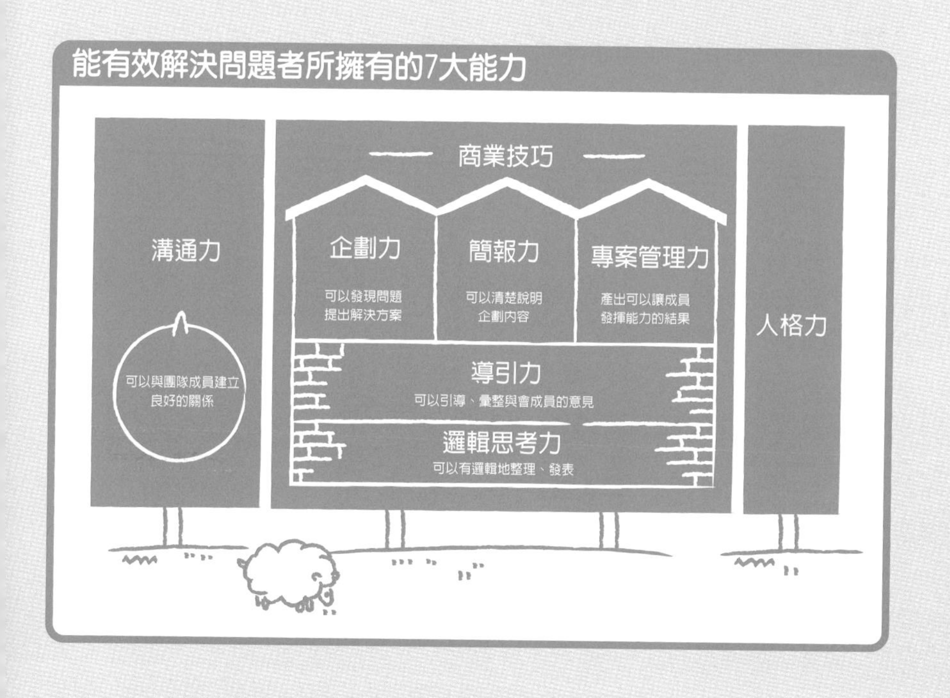

第 1 章 會議中不可缺少會議思路導引師

第 2 章 對會議思路導引師而言最重要的是議程設計方法

第3章

會議思路導引師應該要知道的討論進行方式與解決問題階段

第4章

如何在會議進行中引導出與會成員的意見

第 5 章

引導出與會成員意見後，再進行整理

第 6 章

達成共識的方法

第7章
營造會議氣氛以及會議思路導引師的心理建設

第8章
線上會議的導引技巧

第 1 章

會議中不可缺少會議思路導引師

01 會議思路導引師是能夠讓會議順利進行的專家

讓我們再次確認什麼是會議思路導引師。

會議思路導引、會議思路導引師的意義如下。

- 會議思路導引＝能夠讓會議順利進行
- 會議思路導引師＝進行會議思路導引的人

更具體一點來說，**會議思路導引師是「能夠讓會議順利進行、導引會議流程、讓意見交流變得熱絡，負責『營造氣氛』的人」**，因此，主要會對會議思路導引師有以下3大要求。

1 是否能夠設計（design）會議？
2 是否能夠領導會議？
3 是否能夠「營造氣氛」？

已經有許多人聽過「會議導引」這個詞彙，但是卻有不少人誤以爲所謂的「會議導引」是指「讓會議進行」。

原本的意思是「讓會議『順利地』進行」。

進行會議導引的會議思路導引師並不是「只要讓會議進行就OK」，決定好會議主題後，會議思路導引師就要開始思考「如何讓會議順利地進行」，必須能夠讓與會成員踴躍地提出意見才行。

因此，必須事前思考該如何進行會議的「劇本」。因爲是「劇本」，所以還必須預估該場會議要如何結束、要如何才能得到結論。

會議當天最不可或缺的是必須考量如何「營造氣氛」，讓所有人都能夠發表自己的意見等，直到準時結束會議爲止。

的確會有一些應該要執行、留意的重點，各位看到這裡或許會覺得「好像有點辛苦」，但是只要掌握住一些訣竅就沒問題了。

02 對會議思路導引師的3大要求

那麼，就讓我們具體來談談對會議思路導引師的要求吧！

❶ 是否能夠設計（design）會議？

會議思路導引師不僅是讓會議能夠進行的人。

他們還必須明確瞭解會議的必要性與目的，以及為了達成該狀態還必須要能夠「安排討論的順序」。

具體來說，就是必須在會議前根據主題製作議程（會議進行表）。議程包含議題，我會將其視為是會議的進行表。這時，必須設計要以怎樣的程序進行、要進行怎樣的討論，直至結論出現、結論能否讓所有與會成員都接受。

如果說會議設計可以決定一場會議的成敗與否也不為過，會議思路導引師是會議中特別重要的一個角色。

具體來說就是製作會議議程，詳細內容我們還會在第2章中說明，現階段請大家至少要能夠理解進行會議設計是一項非常重要的工作。

❷ 是否能夠領導會議？

會議思路導引師必須思考，如何能夠確保在會議當天會按照事前所規劃的議程進行。

要依怎樣的順序讓哪一位成員發言，如何彙整意見、如何進行時間管理，並且確實進行議程中所決定的內容，這些都是會議思路導引師的工作。

實際寫入時間表的議程

項目	詳細內容
會議名稱	職場氣氛改善計畫（第一次）
日期 地點 與會成員 會議思路導引師	20XX 年 X 月 X 日 13:00 ～ 14:00 ○○會議室 職場氣氛改善計畫小組成員（5 名） A 先生／小姐（會議主持人兼會議思路導引師）
會議目的、目標	檢討職場氣氛不佳「真正的問題所在」！

進行內容		時間表		
		進行的標準時間		所需時間
1. 會議開場				
・當天的會議進行方式	說明	13：00	13：03	3 分鐘
・破冰活動（提出對此計畫的期許）	分享	13：03	13：05	2 分鐘
・前次會議回顧（如果第一次進行則省略）	－			
2. 填補資訊落差				
・成立改善職場氣氛計畫的背景（複習）	說明	13：05	13：10	5 分鐘
3. 討論內容				
・釐清職場氣氛不佳的現況！	釐清	13：10	13：20	10 分鐘
→寫在白板上（分類）	整理	13：20	13：25	5 分鐘
・釐清哪一種職場狀態最讚！	釐清	13：25	13：35	10 分鐘
→寫在白板上（分類）	整理	13：35	13：40	5 分鐘
・確認現況與最佳狀態的鴻溝（意見交流）	交流討論	13：40	13：50	10 分鐘
4. 聚焦				
・確認決定事項（確認目標）	確認	13：50	13：53	3 分鐘
・確認行動方案	確認	13：53	13：55	2 分鐘
・回顧反思（感想分享）	分享	13：55	14：00	5 分鐘
會議結束				

即使原本打算綜觀整體狀況後再決定，但是有時候狀況還是會朝非預期的方向前進。必須讓腦袋全速運轉，一邊修正軌道，一邊導引大家達成會議的目標。

另一方面，參加會議的成員在會議進行中要仰賴會議思路導引師的導引，但是在議題方面的「陳述意見」時則扮演著相當重要的角色。

會議進行過程中，必須確實區分會議思路導引師與成員之間的角色。

❸ 是否能夠「營造氣氛」？

如果看到會議思路導引師在會議進行過程中皺著眉頭、露出為難的表情，各位會有什麼感覺呢？

或是，看到所有與會成員雙手交疊、身體靠在椅子上還翹個二郎腿？應該會覺得不太舒服吧！這些感受都是理所當然的。

雖然在此舉的都是一些極端的例子，但是主管與一般同仁同時出席會議時，很容易會顯露出主管的權威。總是會有那種心裡覺得一般同仁「不算個咖，所以聽他們的意見也沒用」，而在不知不覺中表現出這種態度的主管。

這種時候，如果有一個擔任會議思路導引師角色的人存在，就可以讓會議處於平等的狀態。

在第7章時，我們還會再進一步說明「營造氣氛」時該注意的地方。

03 大家都該知道的5種會議形式

請試著思考一下。

「原本究竟是爲了什麼要開會呢？」

「得提升業績才行！」、「要如何降低原價？」

「沒有更好的做法嗎？」、「必須思考經營策略」

「想要怎麼解決這個問題呢？」、「要如何應付客戶的抱怨呢？」

「如何培育人才呢？」、「何時要發表新產品呢？」

在此僅列舉出幾個範例，召開會議的目的會因爲公司以及部門而各有不同。

如下頁圖表所示，我認爲「會議」主要有5種形式。

學習會議導引時，必須先理解各種會議形式的特徵與目的。

■ 會議的形式

1. 報告、聯絡會議

「部會」、「課會」等定期召開的會議。以資訊共享爲主要目的，因此會依上一階主管的想法爲主，提出一些員工必須要知道的公司現況，或是針對某項主題進行提醒、傳達和確認事項等，通常會和與會成員的業務相關、分享一些大家應該要知道的資訊。

2. 進度確認會議

泛指業務執行進度會議、預算執行進度會議、專案執行進度會議等。這種會議形式的主要目的是主管要掌握同仁的工作進展。讓與會成員之間共享、掌握彼此的活動資訊，可以省卻無謂的浪費、提升工作效率。

事實上，這種會議形式意外地不好應付。因爲在確認工作推動的過程中，如果發現沒有達到預算數字、沒有按照預定進度執行工作時，就會有來自主管的「指導」介入。

往往會當場要求同仁提出「改善因應對策」，並且在缺乏具體性意見時給予「指導」。

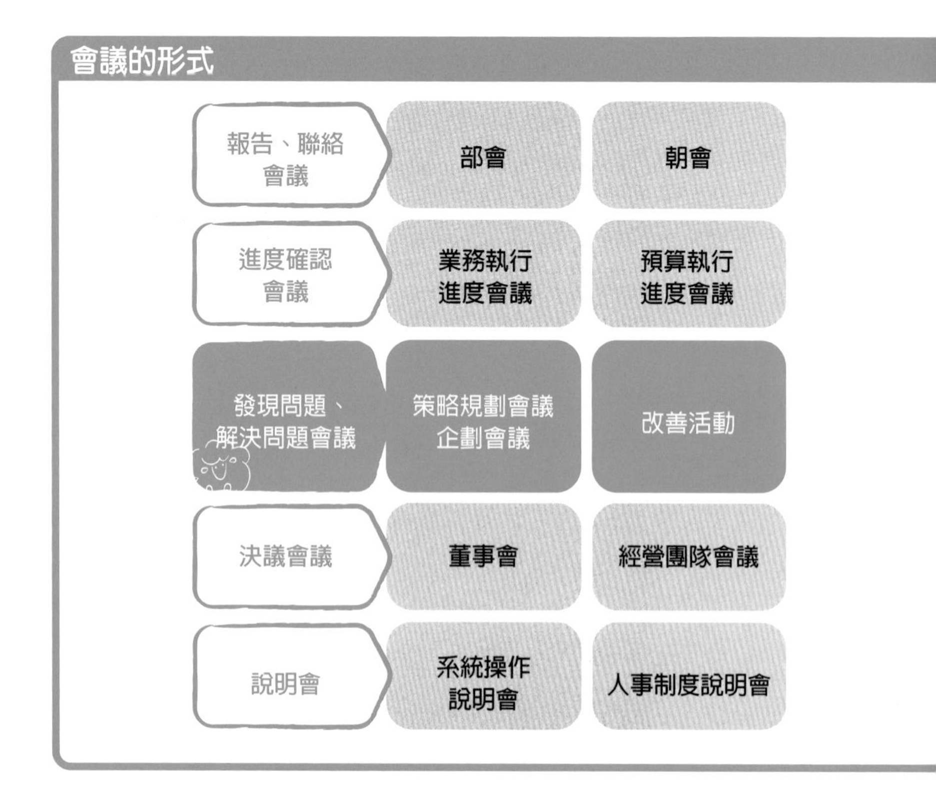

但是，這樣一來往往會大幅超出會議時間。而且，直接在會議進行中進行一對一的指導時，許多與該指導無關的人就會變得完全無所事事。或者，有時候全體與會成員必須爲了某一個人的改善因應對策進行討論。

由於會議之初並沒有決定要討論什麼、要討論到怎樣的程度，因此通常大多數的與會成員都會覺得消化不良，結果造成士氣低落。

3. 發現問題、解決問題會議

以討論（discussion）為主的會議形式。

企劃會議或是改善活動等也包含在此類會議，還有其他像是工作執行

- 報告會議（聯絡會議）的目的是為了讓與會成員共享資訊
- 為了進行有效率的組織活動，共享每個人所擁有的資訊

- 業務報告或是案件進度報告等業務會議皆包含在内
- 讓與會同仁共享資訊或是執行組織的決議
- 主管指導同仁也是會議目的之一

會議思路導引師必須！
- 鎖定問題（現況、應有的狀態、鴻溝）
- 釐清並且鎖定原因
- 檢討並且決定解決方案
- 落實至活動規劃（目標、任務分工、時間表等）

- 在會議主持人進行決議之前，聽取更多的意見
- 進行最後的決議

- 於公司制度、組織架構等變更時進行
- 只發通知難以傳達意思時，依重要内容實施之
- 非討論，僅以說明與問答形式進行

方法、做法等，由好幾個人聚集在一起、互相貢獻智慧、決定事物的會議皆包含在此。除了稱作「會議」，還有「協商」、「會談」等其他名稱。

會議進行過程中經常出現無法收斂、無法決定、不提出意見、滔滔不絕的人、爲否定而否定、會議目的不明確、有些與會成員的存在與議題無關、會議召集人準備不足……等「龐雜的問題狀況」，因而在會議中令人感到煩躁不已。

這種會議形式的難度最高，最需要本書所提及的會議思路導引師。

• 何謂策略規劃會議

業務策略規劃會議、經營策略規劃會議等是用來檢討事業方向性的會議。包含市場趨勢、其他競爭對手的現況、分析自家公司強項、組織編制、事業領域（domain）、經營願景等。掌握組織全方位的現況、描述應具備的樣貌等皆屬於「解決問題會議」的範疇。

• 何謂企劃會議

思考某些問題的解決方案、產生新價值的會議。是一種用來互相腦力激盪行銷方法、促銷活動、開發新產品、製作公司內部文宣、人事錄用方法、制度設計等想法並且創造出答案的場合。也可以是能夠在工作上盡情發揮創造力的場合。除了提出點子等想法，管理階級的部門調整等會議皆包含在此範疇。

• 何謂改善活動

改善工作流程的會議。檢討降低原價策略、檢討無紙化做法、改善○○業務流程、文具管理方法等，用於改善所有工作進行方法的會議皆屬於此範疇。

工作程序中常有許多無謂的虛工，因此會議的目的就是要讓這些狀況浮現出來並且經常進行調整以達最適狀態。無論怎麼改善都不會有結束的那一天，因此將改善活動視爲企業文化的公司最能夠提高商業競爭力，亦稱作「業務改革」。

4. 決議會議

董事會以及經營團隊會議等的主要目的在於針對已經在某種程度上準備好的議題進行判斷、決議。會議的議題幾乎都已經在事前安排好，因此很少會在會議進行中爭論不休。

5. 說明會

制度變更說明會、系統導入說明會等是在公司制度或是組織架構變動等情況下，以布達消息為主要目的的會議。

這種會議幾乎不會進行任何討論，僅由會議召集人單方面說話，形式上通常會移除最後的問答時間。

■ 為什麼會有開不完的會呢？

爲了促進效率等目的，最近部分「報告、連絡會議」會善用一些線上商務會議等軟體，取消直接面對面的會議。然而，會議的量是否有逐漸減少呢？可惜的是，完全不是那麼一回事。

日常工作中會遇到煩惱於業績提升的「問題」、難以摸索事業方向性等的「問題」、組織體制或是人事制度等架構上的「問題」、經營團隊與從業人員價値觀落差很大的「問題」，還有業務能力、技術能力、行銷能力等與能力相關的「問題」。然而，上述這些都無法與工作成果鏈結。這就是會議會持續不斷增加的原因。在這5種會議當中，**特別是第3種「發**

現、解決問題會議」只會持續不斷地增加。

本章開頭時曾問過各位一樣的問題：「原本究竟是爲了什麼要開會呢？」我經常得到的答案是：難道不就是因爲有剛才那些「問題」產生的關係嗎？

話說回來，其他會議進行中也可能會有潛在的「問題芽孢」產生。比方說，進行「推動確認會議」時，發現某件案子可能會有所延遲。因而被判斷爲「問題」時，就不得不改爲召開「發現、解決問題會議」。

我認爲工作這件事情可以大致分爲3類：「勞動性工作」、「事務性工作」、「解決問題的工作」。

然而，AI的出現爲當今社會帶來了極大的變革，進而也對會議造成了龐大的影響。

許多「勞動性工作」目前都已經被機械所取代，現在已經有相當大量的工程不需要「人力」。

「事務性工作」也是如此。整理票據等被稱作「事務處理／事務作業」的工作，在資訊化下，已經大幅刪減「人力」的涉入部分，AI催化了這些趨勢。現在，個人電腦內會藉由軟體型機器人RPA（Robotic Process Automation）代理進行一些定型化的工作，使得業務朝向完全自動化。大型銀行裁員的新聞頻傳，也是因爲FinTech金融科技（Financial＋Technology）大幅增加了不需「人力」的部分。

「勞動性工作」」或是「事務性工作」減少的結果，增加的是「解決問題的工作」。

在這種狀況下，位居管理職位者該思考的問題是要做些什麼才能夠改善？以及該怎麼做才能夠增加每一位同仁被賦予工作的機會？

在這樣的背景下，本書期望以「發現、解決問題會議」為中心，傳授會議導引的相關技巧。

如果能夠應用這些會議導引技巧順利召開「發現、解決問題會議」，那麼一定也能夠毫無阻礙的運作其他類型的會議。

column

可以讓專案負責人擔任會議思路導引師嗎？

經常被問到的一個問題是「由（團隊的）專案負責人擔任會議思路導引師恰當嗎？還是應該要由不同人擔任呢？」

很多人先入爲主地認爲專案負責人的立場很難中立，而且專案負責人通常會把自己的意見強押給大家。

先從結論來說，我會希望專案負責人能夠在會議進行中兼任會議思路導引師。

理由很簡單，因爲會議召集人通常就是專案負責人。專案負責人可以設計出一場能夠和與會成員一起思考的會議，知道要如何進行討論、知道想要從與會成員身上得到哪些意見，所以由專案負責人去引導會議當然會比較順利。

至於「會想要強押個人意見」的部分，這的確相當難處理。

因爲他們肩負著專案負責人的責任，當然必須約束、領導同仁。

在此希望各位回想一下，優質會議條件之一的「接受度」。與其讓專案負責人以個人意見進行決定，更重要且必須思考的部分是如何讓與會成員能夠接受該決議事項並且產出高度的工作績效結果。

如果能夠意識到這一點，專案負責人應該就能夠在抱持著個人意見下，尊重與會成員的意見、做出衆人接受度高的決議。

請充滿自信地成爲一名會議思路導引師吧！

第 2 章

對會議思路導引師而言最重要的是議程設計方法

01 認識會議大致流程以及會議思路導引師的工作

我們可以用時間軸將會議切割成兩大部分。

- 事前準備（設計會議）
- 會議進行中（會議流程管理與氣氛營造）

■ 事前準備

會議前，必須先依第1章所述設計出符合主體的議程。所謂議程是指「會議的進行表（設計圖）」。明確寫出會議的目的（goal），並且綿密制訂出達成該目的必須進行怎樣的討論。

由於是以分鐘為單位進行時間設定，因此任何人只要看到議程就能夠一目瞭然知道當天的會議會如何進行、討論出來的內容又會如何進行整理。

為了不要浪費與會成員的時間，我們可以將議程的事前準備理解成是會議召集人訂定的規則。

當某個「問題」被當作主題討論時，要以怎樣的程序進行？要如何討論直到結論出現？所有與會成員是否都能夠接受？這些都必須在事前大致設計好。製作議程時，一定要先規劃、設定好目標。

■ 會議進行中（會議流程管理與氣氛營造）

會議進行中，必須按照議程進行。營造出讓所有與會成員都能夠講出眞心話的氣氛，也是會議思路導引師的工作。爲了達到會議目標，釐清「問題」的原因、思考解決方案、直到大家同意會議結論爲止都是會議思路導引師應該要做的事情。

會議結束後，讓大家有一個「回顧反思」的時間，也可以「提升」會議思路導引師的引導能力。本章節主要會和大家談談「事前準備」與「會議進行中」的部分。

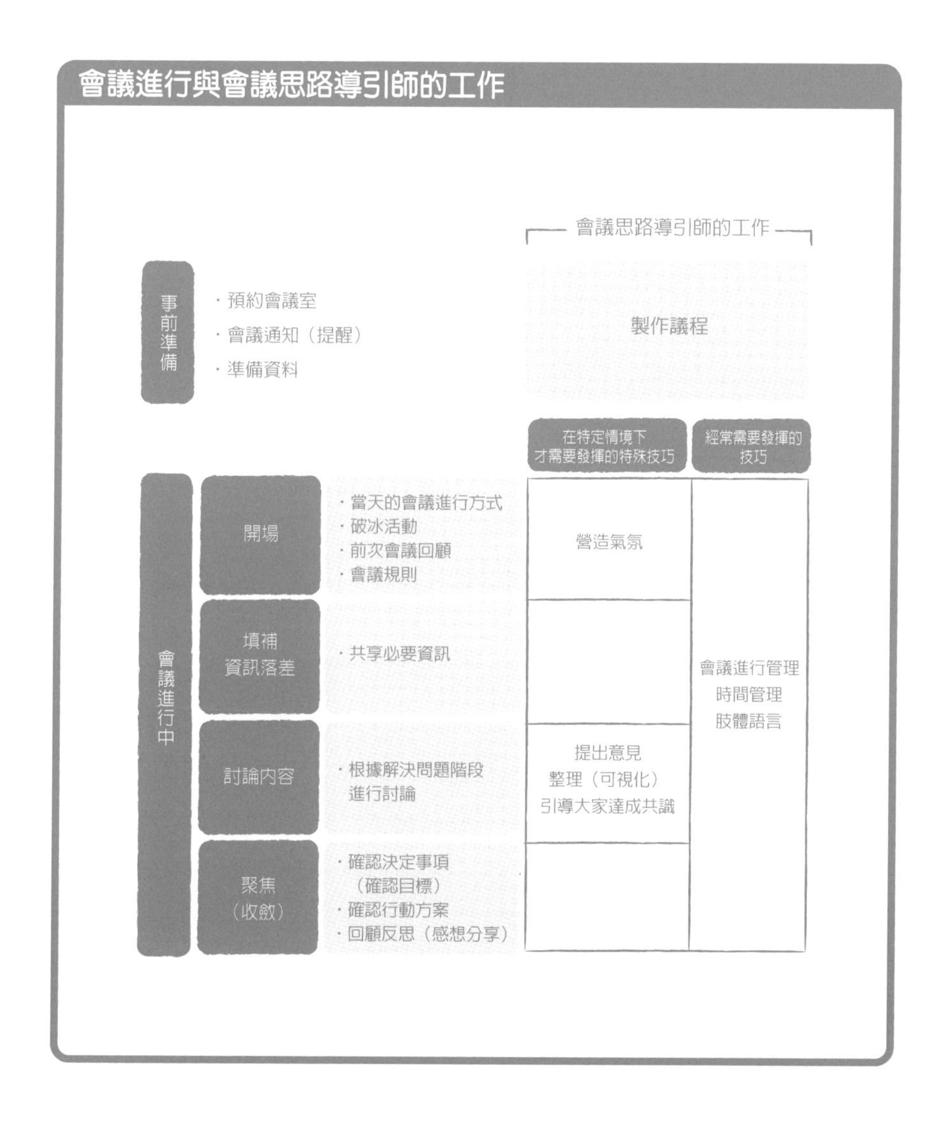

02 能夠引導出意見的討論進行方式

爲了引導出更多意見，必須先知道當天的會議進行方式。在會議的程序方面，首先要收集與會成員的意見，接著進行整理，最後提出具有方向性的判斷、達成共識，共可分爲3個階段。

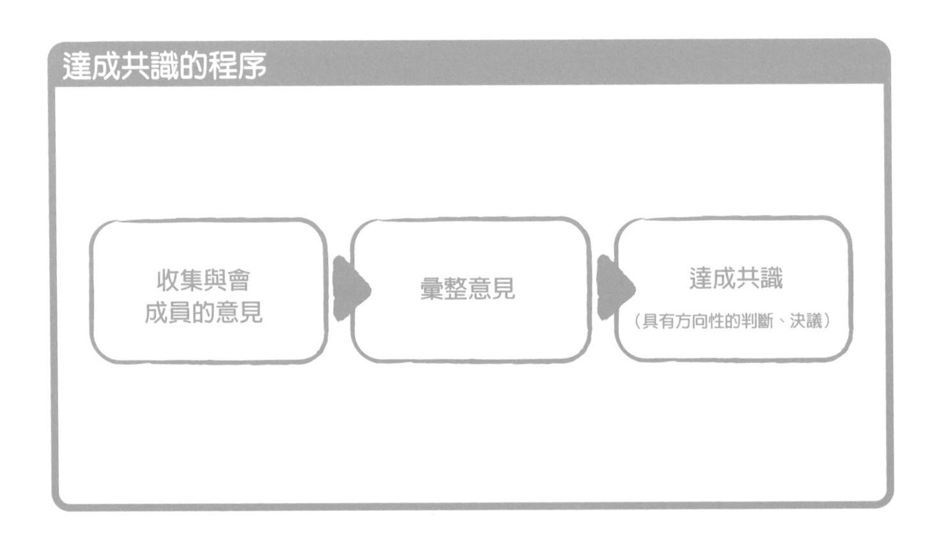

■ 彙整與會成員的意見

基本上只要用Google搜尋一下，任何事情都大致可以查詢得到，爲什麼還必須彙整同仁意見並且讓大家互相交流呢？答案很簡單。就是因爲「有些資訊Google也找不到」。

在現場執行作業的同仁會對客戶問題、職場問題、可順利推展的事物、應執行的方向性等擁有最多的資訊。對公司而言，最重要的資訊並不在網路上，而是在同仁的腦袋裡。

因此，**會議思路導引師如何藉由會議，將衆人腦袋裡的資訊導引出來非常重要**。

與會成員的意見是否偏頗，能否在有限時間內盡量收集到最多的意見，都會影響會議品質的良莠。

■ 彙整意見

「彙整」衆人提出的意見。也是會議思路導引師的重要工作。人類如果沒有將資訊整理到一定的程度，就無法進行「決議、判斷」。爲了彙整這些資訊，必須先將一定程度的資訊「可視化」才行。

首先，我們無法整理出只是單純「互相聊天」的會議。如果無法用可視化的方式分類討論，話題就會無限迴圈，因而難以進行整理、做出決議。彙整意見的方法，將會在第5章中描述。

■ 達成共識（方向性的判斷、決議）

如果可以引導出衆人的意見、進行一定程度的彙整，**最後就可以進行「達成共識」（方向性的判斷、決議）的階段**。

達成共識階段的重點是與會成員是否能夠接受已決議的事項。

由於要在會議中進行上述這些程序，因此擬定好議程是必要的。接下來我們將針對議程的部分做進一步的探討。

03 事前研擬好議程，決定80%的會議成敗！

我堅決不參加那種超過30分鐘以上卻沒有議程的會議。因為對這種程度的會議而言，議程是很重要的。

通常在培訓課程中提到這件事情時，就會有人給我看他們已經擬定好的議程，表示「我們有確實做好準備喔」，內容通常呈現如下：

常見的議程範例

時　　間：○月○日（星期一）13：00～

地　　點：○○會議室

與會成員：職場氣氛改善專案小組成員

議　　題：

・檢討職場氣氛改善策略

・決定實施事項

・時程表與工作分配

然而，可惜的是這樣的議程完全不合格。

因爲看完後並不清楚會議目標在哪裡。

雖然有「檢討職場氣氛改善策略」，但是如果是要改善職場氣氛不佳，就應該針對該議題進入「探究原因」的程序，可是光從議程並無法看出這樣的規劃。

此外，雖然是有「決定實施事項」，但是實施事項並不是那麼輕易地就能夠引導出來。在「時程表與工作分配」方面也有同樣的問題。

許多公司不管三七二十一發下議程後就直接開始會議，因此當有人開始針對職場氣氛改善策略提出問題時，完全無法做出任何回應，最後該場會議就會在搞不清楚決定了什麼，或是在其實根本沒有做任何決定的情況下結束。

■ 議程的結構

我個人製作的議程，結構可分述如下。圖示請見P.37。

1. 會議名稱 填寫會議名稱。

2. 會議基本資訊

填寫日期時間、地點、與會成員姓名、會議思路導引師姓名。

3. 會議目的、目標（超重要、必須）

盡可能明確記載會議目的、目標。

製作議程時，先要考量的部分有選定與會成員、建構議題等都是議程的基礎。很多人認爲「目的」與「目標」是截然不同的東西，但是在此最重要的是應明確「想要在會議中做些什麼」，解決問題型的會議其實不需要區分「目的」或是「目標」，只要統整在一起後記錄下來即可。

重點並不是「針對○○之意見交流」、「針對╳╳的回饋」等曖昧的表現，而是**要具體地寫出「想要在會議中做些什麼」**。

比方說，以下這些內容：

- **決定○○的方針與方向性**
- **針對○○現況進行整理，並使其可視化**
- **找出應該寫入提案書的「重要條件」**
- **決定新人訓練的理念**
- **整理導入副業時的注意事項，並使其可視化**

如果讓目的或是目標處於模糊地帶，會議本身肯定也會一路曖昧不明直到會議結束。藉由議程，可以讓與會成員共享會議目的或是目標資訊，會議的課題就是要消除大多數人都會覺得的「不明確會議目的」。

4. 進行內容

接著，我們要來確認議程中的「進行內容」。

這時議程應該朝向為了達到目的、目標必須進行哪些討論的方向來建構。該內容包含**「開場」、「填補資訊落差」、「討論內容」、「聚焦」**等四個議題。

5. 時間表

時間表必須根據議題以一目瞭然的方式寫出「○時○分～○時○分」這種時間設定以及所需時間。

不能夠表現為「約○分」或是「○時○分左右」，應以5分鐘為單位填入具體的數字，藉此提高與會成員遵守會議當天時間的意識。

議程的基本格式

項目	詳細內容
會議名稱	1. 會議名稱
時間 地點 與會成員 會議思路導引師	2. 會議基本資訊
會議目的、目標	3. 會議目的、目標

進行內容	時間表
4. 進行內容	5. 時間表 所需時間
開場 ・當天的會議進行方式 ・破冰活動 ・前次會議回顧	
填補資訊落差	
討論內容 依解決問題階段進行討論	
聚焦 ・確認決定事項（確認目標） ・確認行動方案 ・回顧反思（感想分享）	

04 會議中的進行方式

會議進行也是有流程的。前頁 4.進行內容 中包含**開場→填補資訊落差→討論內容→聚焦（收斂）**，分別詳述如下。

■ 開場

在「開場」方面，1小時的會議約需使用5分鐘。

當天的會議進行方式

先讓與會成員看一下議程，確認會議流程與目標。與會成員必須再次確認「今天就是要做這些事情」，彼此共享會議目的與目標資訊。召開「發現、解決問題會議」時，則需要確定應該要討論哪些部分、應該要決定到怎樣的程度。

共享議程資訊這部分，可以於會議當天提供。當然，最好是在事前就先將「會議目的」傳達出去。

破冰活動

如同字面上「破壞冰塊」的意思，破冰活動就是一種用來讓第一次見面者去除緊張感的方法。第一次見面時，大家都會自我介紹一下，如果是已經很熟悉彼此的公司內部同仁會議，則可以試著詢問大家一些問題：「最近遇到的有趣事件」或是「週末做了些什麼呢？」等，就算是與工作無關也沒有關係。**這是會議思路導引師用來營造氣氛的一環**。只要占用一點點寶貴的時間，即可在進入正題之前營造出一種輕鬆愉快的氣氛。

寫入實際會議時間表的議程

項目	詳細內容
會議名稱	職場氣氛改善計畫（第一次）
日期 地點 與會成員 會議思路導引師	20XX 年 X 月 X 日 13:00 ～ 14:00 ◯◯會議室 職場氣氛改善計畫小組成員（5 名） A 先生／小姐（會議主持人兼會議思路導引師）
會議目的、目標	檢討職場氣氛不佳「真正的問題所在」！

進行內容		時間表		
		進行的標準時間		所需時間
1. 會議開場				
・當天的會議進行方式	說明	13：00	13：03	3 分鐘
・破冰活動（提出對此計畫的期許）	分享	13：03	13：05	2 分鐘
・前次會議回顧（如果第一次進行則省略）	－			
2. 填補資訊落差				
・成立改善職場氣氛計畫的背景（複習）	說明	13：05	13：10	5 分鐘
3. 討論內容				
・釐清職場氣氛不佳的現況！	釐清	13：10	13：20	10 分鐘
→寫在白板上（分類）	整理	13：20	13：25	5 分鐘
・釐清哪一種職場狀態最讚！	釐清	13：25	13：35	10 分鐘
→寫在白板上（分類）	整理	13：35	13：40	5 分鐘
・確認現況與最佳狀態的鴻溝（意見交流）	交流討論	13：40	13：50	10 分鐘
4. 聚焦				
・確認決定事項（確認目標）	確認	13：50	13：53	3 分鐘
・確認行動方案	確認	13：53	13：55	2 分鐘
・回顧反思（感想分享）	分享	13：55	14：00	5 分鐘
會議結束				

※ 本頁內容同 P.19。

前次會議回顧

會議召開到第2場以後，有些成員可能已經忘記前一次的討論內容，這時可以進行簡單的回顧。

■ 填補資訊落差

和會議的召集人、主管、業務負責人、製造負責人等相比，一般與會成員們所能夠獲取到的資訊量往往有所落差。進行討論時，如果議題背景或是現況等必要資訊沒有辦法在與會成員之間共享，很可能會無法繼續進行討論。比方說，「提案的背景」、「客戶的方針或預算」、「市場環境變化」、「有競爭或合作關係的其他公司狀況」等都是應該要共享的資訊。這時應該整理出最基本必須共享的事項，**在正式開始討論之前，花點時間填補資訊落差**。議程中所記載的標題可以用「○○的背景」、「○○的現況」、「○○的調查結果」來表示。

■ 討論內容

會議的核心部分，也就是指應該要進行設計（design）的部分。為了達到會議目標，必須先設計好想要以怎樣的形式進行討論，其中包含討論的程序。

具體來說，議題必須掌握住大家目前已經達到「解決問題步驟」的哪一個階段，並且在「討論流程」中思考該使用哪一種手法「彙整意見、達成共識」。接著想像一下自己如果提出怎樣的問題，就可以幫助討論進展到怎樣的狀態。這是相當重要的部分，因此必須充分思考會議中可能會出現的狀況。關於解決問題與討論流程的部分，將會在第3章中詳細說明。

■ 聚焦（收斂）

會議的最後，必須仔細確認決定事項和與會成員於會後應執行的行動

（行動方案）。仔細確認，才能提高執行決議事項的成功機率。此外，還要**進行回顧反思，讓大家能夠對整個會議「有共同的感想」**。實際上我們通常都會問一下「最後在會議結束之前，請大家分別就今天的會議內容分享一些看法！」此處的重點是要確認與會成員對於該場會議結論的接受度。如果有些人不服決議事項，**一定會有一些訊號出現**，例如：講話音量變小、開始提出一些負面言論、表情不悅等。如果能夠知道與會成員的接受度，也就能夠得知今後的行動方案以及在會議中的因應方法。因此，不要忽略這個部分、稍微在此花點時間是很重要的。

如果光看該議程，是否能夠想像得到會議當天是要進行怎樣的討論呢？

議程設計對會議思路導引師而言就像是在寫一個劇本。製作議程時，必須不斷地思考「討論時間分配是否合理」、「這個步驟是否能夠確實達到所需的目標」等直到議程設計完成。根據經驗，假設設計議程時無法想像會議情境，恐怕該場會議也無法順利地在會議結束前引導出大量的意見，很多時候只能夠匆忙敷衍地結束會議，相反地製作議程時能夠清楚想像從會議開始直到結束的情境，會議往往都能夠召開得很順利。

也就是說，**如同先前所述，會議成敗與否有80%取決於議程的設計**。剛開始設計還不太習慣時，或許會覺得很困難，但是沒有非常完善也沒關係。時間分配有誤也不用太在意。

請試著理解「超過30分鐘的會議就必須設計議程」並且著手進行設計。

因爲與會成員將寶貴的時間交付給你，與會前確實做好事前準備是身爲一名會議思路導引師最基本的禮貌。

至於設計一份議程的所需時間，如果熟悉方法的話，1小時左右的會議議程應該花10到15分鐘左右即可設計製作完成。剛開始時可能需要多花一點時間，就先試著努力看看吧！

05 初次召開會議時，先決定好「會議規則」

建議在第一次召開會議時就要訂好規則。

所謂的會議規則是指事先要對與會成員表達「希望大家做到的行爲」以及「不希望大家做的行爲」，而且這些資訊必須共享。

假設要跨足一個新的專案、會議量也隨之增加時，先找一個適當的場合把這些「會議規則」說清楚，也可以讓與會成員大家一起來決定。因爲我們或許不會想要遵守由他人制訂的規則，但是如果是由包含自己在內的一群人決定出來的規則，應該就會願意確實執行。

我認爲在會議中「希望大家做到的行爲」以及「不希望大家做的行爲」有以下這些項目：

「希望大家做到的行為」

- 簡潔地描述意見
- 聽他人發言要聽到最後
- 積極發言
- 遵守時間
- 點個頭、給個反應
- 專心
- 互相尊重

「不希望大家做的行為」

- 否定他人意見
- 滔滔不絕
- 進行人身攻擊
- 只顧著做自己的事情
- 毫無反應
- 不發言
- 離題

在「不希望大家做的行爲」方面，列舉的重點是一些會造成會議困擾的行爲。然而，上述只是我個人認爲「不希望大家做的行爲」。

規則會隨著會議內容以及會議思路導引師的想法等而改變，因此上述內容僅供參考。

如果是定期要進行的會議，可以事先擬定好所有與會成員都可以接受的規則。

第 3 章

會議思路導引師應該要知道的討論進行方式與解決問題階段

01 為了「解決問題」必須先探討「原因」

我們曾經在第1章提及當時所介紹的5種會議形式中「發現、解決問題會議」將會持續增加。身爲一名會議專家——會議思路導引師必須學會基本的問題解決之道。

本章節就是要來告訴各位如何解決問題。

具體來說，所謂「發現、解決問題會議」就是指策略規劃會議、企劃會議、改善活動等。

也就是鎖定問題、釐清原因、檢討或是決定解決方案的會議。

決定好解決問題方案，再用清楚易懂的方法向主管或是同仁、相關人員說明，就能夠讓該案件的執行團隊順利進行相關工作。

雖然目前許多企業相當重視「發現、解決問題會議」，但是實際上有非常多的情況是在會議結束前百轉千迴，卻始終無法找出能夠解決問題的方案。

在解決問題方案上迂迴、一直無法決定最終解決方案，最後主管受不了也只能強制性地以一言堂等方式決定，對與會成員來說其實有許多會議最後都是以非本意的形式收斂、整理出結論。

如果要探究爲何總是難以產出解決問題的方案呢？答案**通常是因為倉促地在「釐清原因」後，馬上想要開始討論解決方案**。因此，才會一直議而不決。

比方說，召開針對「業績低迷」這個議題的相關會議時，突然開始討論「要如何解決業績低迷狀況？」這個問題的解決方案。

於是，當有人提案「著力於業務面不就好了嗎？」這時就會有人針對業績低迷原因並且表示：「不是業務面，應該先解決人手不足的問題。」接著，又有人會針對該原因並且表示：「不是人手不足問題吧！是因爲加班太多，效率才會變差！」許多的解決方案不斷地被拋出：「應該多多行銷」、「試著向客戶發發問卷吧！」等……。

像這樣把問題原因與解決方案混在一起談論，就會呈現一種「大雜燴」的狀態。

再者，還會出現那種針對問題本身提出疑問的人：「說到底雖然業績呈現低迷狀態，也的確比前一個月來得差，但是跟去年同期相比……」因而不斷出現分歧的答案。

會議至此還是無法進行收斂整理。

然而，假設釐清「業績低迷的原因」後發現「是因爲沒有確實進行轉職人員的業務教育訓練」，那麼會議主題就要聚焦爲「如何才能夠確實進行業務教育訓練」，並且開始討論解決方案。

「和資深業務人員兩個人一起行動」、「背熟操作手冊，並且進行測試」等，從「業務教育訓練」的觀點提出想法，因爲這時提出的是不會混淆且實際的答案，所以就可以讓會議順利進行下去。

爲了進行這樣的會議引導，會議思路導引師必須擁有如何解決問題的能力。

02 「問題」是現實與理想間的鴻溝

爲什麼工作過程中會出現「問題」呢？

理由是因為覺得與原本認為的「應有狀態」之間有鴻溝。

所謂的問題是乍看之下覺得有某些地方不符合規格、不符合應有狀態、不符合理想狀態，由於現況無法達到該狀態，因而產生的「鴻溝」。

比方說，假設有一個「問題」是「銷售量低迷」，那麼原本的「應有狀態」也就是相反的狀態應該是「銷售量提升」。

假設還有一個「問題」是「公司內部氣氛緊繃」，那麼原本的「應有狀態」應該要浮現出的是公司內部氣氛談話輕鬆、與身邊同仁關係良好的狀態。

也就是說，爲了解決「問題」，必須意識到「應有狀態」與現況之間的鴻溝，並且思考應該要怎麼做才能夠填補該鴻溝。

問題＝應有狀態 — 現況

雖然會有「不知道問題在哪裡」、「搞不清楚怎樣處理比較恰當」等聲音出現，但是在某種意義下，這些都是理所當然的。

理由是我們是爲了要知道「問題」是什麼，所以必須要正確掌握現況，並且盡可能描繪出應有狀態（想像）。並不是要從現況的假想範圍內收斂，而是要仔細思考「應有狀態」，並且試著描繪出「這樣一來會變得最讚」的高度理想狀態。越能夠高度描繪出應有的狀態，就越能夠彰顯出與現況之間的鴻溝、更容易釐清問題。

所以，解決問題的第一步就是要正確掌握問題。

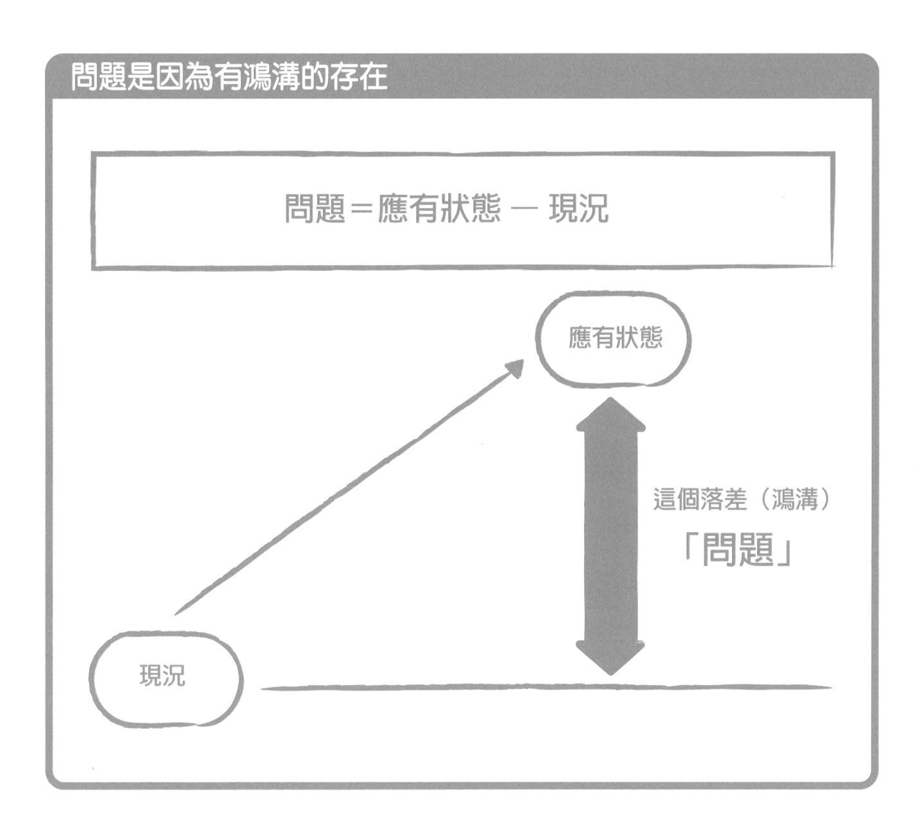

本章節會詳細說明這個部分。

能夠聰明掌握問題、每天持續進行改善的人，就是能夠高度描繪出該應有狀態的人。

03 解決問題是有階段性的

將「問題」導向「解決方案」，必須經過一些階段。

大多數人都不能夠理解這個部分，因此會議就會一直卡在無法收斂而不斷浪費時間。

在此介紹我個人原創的「解決問題的架構」。可以區分爲發現問題、分析原因、選定解決方案、擬訂計畫共4大面向、8個階段。

我認爲在引導大家直到「問題」獲得解決前，必須理解一定會經過鎖定問題、釐清原因、檢討解決方案、決議等重大階段。

解決問題階段

發現問題

1. 掌握現況
2. 描述應有狀態
3. 掌握問題

▼

分析原因

4. 釐清問題
5. 鎖定主要原因

▼

選定解決方案

6. 釐清解決方案
7. 選定解決方案

▼

擬訂計畫

8. 擬訂活動計畫

04 別混雜在一起，這樣很危險！討論時要聚焦在同一個階段

在會議中針對「問題」互相談論時的訣竅是要明確劃分出前述的「解決問題架構」，確認其中現況與應有狀態之間的鴻溝、問題的原因、問題的解決方案，再分別進行討論。

在解決問題流程中，最重要的是要「按照順序」。

比方說，某間公司煩惱於如何提升業務的銷售量問題。要考量的問題相當多，原因可能出自於環境變化、業務負責人的能力不足、部門間的合作不足、對新產品的投入不足、其他競爭對手的聲勢狀況等。

然而，業務部長認爲應該要先解決其中可以自行解決的「跨部門合作不足」問題。

因此，召集業務、製造、行銷、研究開發部門等各個課長後，指示他們針對如何擴大銷售量的部分，檢討「解決跨部門合作不足問題」的執行策略。

根據本人的經驗，在這樣的狀態下進行會議是相當危險的。因爲往往會變成以下這種「大雜燴」的對談方式。

那麼，就讓我們先來討論如何解決「跨部門合作不足」的問題吧！

是否有能夠共享彼此合作資訊的會議呢？

我認為勉強可以合作，但是……

研發課長

業務課長

如果大家的策略方向能夠一致，應該可以提升競爭力吧！

部門與部門間的位置有點距離，或許不太有對話的機會吧！

製造課長

總之，現在本來就不景氣呀！

行銷課長

全體與會成員 ……

業務課長拋磚引玉希望大家可以互相討論解決方案，製造課長也回應了他的想法，但是卻被行銷部的課長給否定：「不知道效果如何。」

接著，換研發課長針對現況提出：「我認爲勉強可以合作」，業務課長也描述了他的理想狀態，製造課長開始分析原因，行銷部課長這時卻離題說出：「現在本來就不景氣。」全體與會成員陷入沉默、氣氛變得很差，最後就在沒有結論的狀態下結束這場會議。

參加會議的成員分別談論自己的想法，卻完全無法解決任何事情。這裡最大的問題其實是「順序」。

先前我們提到解決問題的架構，有「①掌握現況」、「②描述應有狀態」等8個階段，在這個會議範例中，有人直接進入階段⑥，卻有人回到階段④，而後又突然切回階段①……。在這種狀況下，會議就會變得雜亂無章。

沒有意識到要「按照順序」，只講自己想講的，導致好不容易召開了一場會議，結果往往無法收斂。

就算沒有任何一位成員講錯話，但是各個不同階段的內容混亂摻雜、不具全面性，且當階段不斷變化時，內容也會跟著被稀釋。

再者，由於討論的內容肉眼不可見，大家根本就忘記誰講過了什麼話，因此同樣的內容會不斷地重複。按照解決問題的階段，想要解決問題時的訣竅就只有一個。

每次討論時僅聚焦在同一個階段內。

如果把好幾個階段混在一起討論，就會出現「混雜風險」。這種混亂的狀態是造成會議離題的元兇。

意識到解決問題的順序，從階段①開始依序按部就班地進行。這是會議思路導引師的重要工作。亦是設計一場會議的關鍵所在。

05 解決問題的流程

那麼，就來詳細審視一下解決問題的流程吧！

根據前述「解決跨部門合作不足」這個問題的解決範例，讓我們進行每個層面的解說。請各位搭配P.58的圖表一起看。

■ 發現問題

解決「問題」，首先最重要的是確實掌握問題。假設如前所述「問題」等於「應有狀態－現況」，就應該掌握現況、描述應有狀態，並且從鴻溝中掌握哪些地方有問題。

分別思考「現況」或是「應有狀態」，然後仔細地進行討論，初步掌握住有哪些「問題」，並且讓所有與會成員共享該資訊。

為了發現問題，必須要全盤掌握現況。重點在於「全盤」掌握。

如果是對一個人說：「你要全盤掌握狀況喔！」他所能夠看到的只會是一小部分。然而，對4～5人說，情況會變得如何呢？由於每個人在意的重點都不一樣，所以就可以更全盤、更全面性地掌握整體現況。因此，在會議現場時很重要的一件事情是要引導出所有與會成員的意見。

如果是由本人擔任這場「思考如何解決跨部門合作不足問題的執行策略」會議思路導引師，首先在掌握現況時，我會進行以下的提問。

問：請告訴我，在進行跨部門合作時，有什麼感覺比較不好的部分嗎？

很多單位都在進行類似的調查工作
不知道有哪些比較厲害的人存在

不知道彼此可以一起做些什麼
無法互相理解彼此的辛酸之處

幾乎連打招呼都不會

無法理解製造部門的目標

每個人感受到的問題點都不同。因此，比起一個人去思考，如果有較多人一起集思廣益就可以提升考量的全面性。通常也能夠在聆聽其他人想法時發現自己不太會想到的問題。此外，可以將每一個意見確實寫在白板上，達到一種肉眼可視的狀態，就可以預防出現無限迴圈的重複意見。

如果可以藉由這種方式，掌握現況——「跨部門間的合作狀況」，那麼接下來就可以描繪出「應有狀態」。

「應有狀態」不能夠有「反正怎樣都不可能做得到」或是「不會有那種理想狀態出現」等的自我限制。請先自由想像，甚至超越自己的想像。

那麼，讓我們看一下具體範例吧！

問：請告訴我「怎樣的合作，會讓你覺得最讚！」

會議思路導引師

能夠了解彼此合作的內容
知道每位成員的強項

製造課長

可以毫無顧慮、放心討論的關係

行銷課長

具有可以一起跨越困難的夥伴意識

研發課長

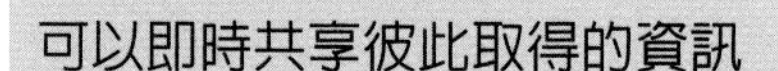

可以即時共享彼此取得的資訊

業務課長

將大家認為「跨部門間合作不良」的「現況」以及「應有狀態」用一種肉眼可視的狀態表現出來，接下來就會變得越來越具體。

發現問題的最後一個階段是要比較「現況」與「應有狀態」，探尋其中有怎樣的鴻溝存在。

如果會議主題可以用數據等方式表達，那就積極地將該鴻溝數據化。如果是像上述這種難以數據化的主題，就分別將「現況」與「應有狀態」的情境描繪出來。這時出現的鴻溝就會是「問題」所在。

■ 分析原因

在接下來的「分析原因」階段，我們要探討的是爲什麼會出現該「問題」。

這個階段最重要的是如果發現「問題」，千萬不要想一蹴可幾地去「解決」它。完全可以理解那種想要趕快討論、趕快解決的心情，但是在那之前我們必須要先做的是「原因分析」。

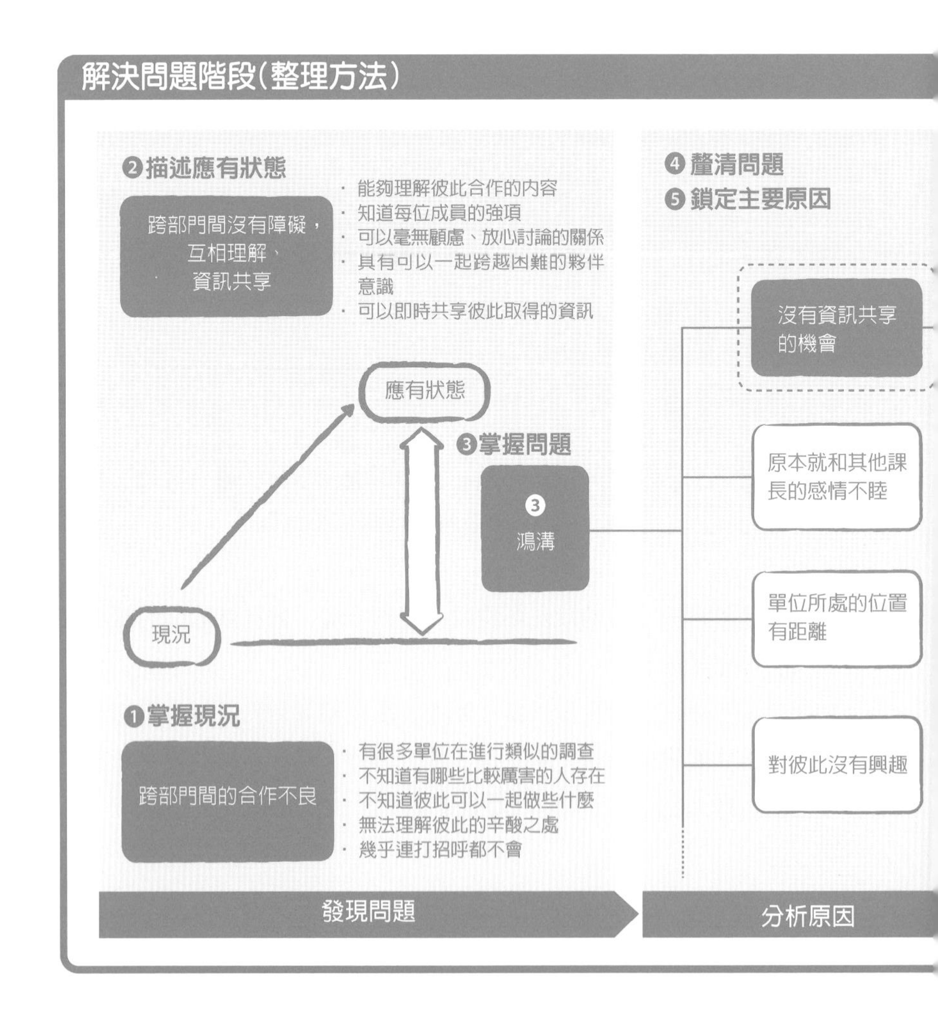

有「問題」一定就會有「原因」。原因千奇百怪，還有輕重之分，但是一個問題往往會由多個、互相有所關聯的事情組合而成。

必須確實鎖定會造成重大影響的主要原因。因爲如果不這樣做，就會變成必須逐一去探討原本影響力較低的非主流的、枝微末節的原因解決方案。

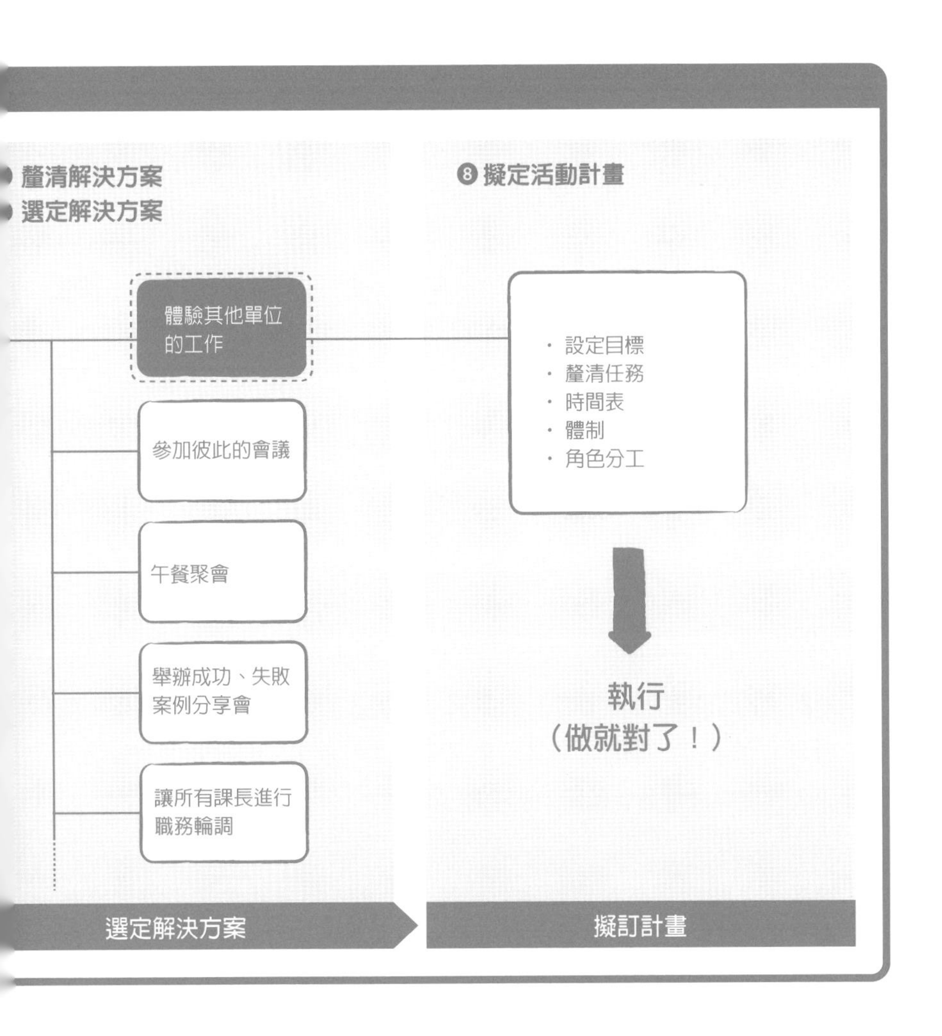

為此，在這樣的狀態下，必須確實進入釐清原因、鎖定主要原因的階段。

那麼，就讓我們針對「跨部門間合作不足」這個問題，釐清具體的原因吧！

問：請各位盡量說出現況與應有狀態之間偏離的「原因」。

課長之間的感情原本就不睦

各部門之間的位置有距離

對彼此的工作沒有興趣

資訊共享的機會較少

針對「跨部門間合作不足」的原因，每個人認為的原因不盡相同，再加上會有多種原因交錯組成。這也是理所當然的狀態，因此要先全盤性地釐清原因。從中鎖定最具影響力的主要原因。

理想上，我們當然希望能夠解決所有原因，但是處理起來會非常耗時。與其如此，倒不如**解決其中影響力最大的問題會更有效率。而且，在**

工作方面也比較能夠得到結果。

各位知道20%最主要的資源會主導80%事物的帕累托法則（80／20法則）嗎？同樣的，只要能夠處理掉最重要的20%原因，就能夠解決80%以上的問題。也就是說，假設有10個原因，只要能夠處理掉最主要的2個原因即可。

如果能夠鎖定主要原因，就能夠更有效率地解決問題。雖然「掌握主要原因」需要耗費一點功夫，但是只要肯下功夫，就能夠有效率地直達效果。也就是所謂的「急事緩辦」。

在此針對「跨部門間合作不足」的原因，已經有各式各樣的意見提出，例如：「課長之間的感情原本就不睦」、「資訊共享的機會較少」等，接著我們假設「資訊共享的機會較少是主要原因」繼續進行討論。

■ 選定解決方案

發現問題、鎖定主要原因後，再繼續針對該原因「選擇解決方案」。重點是必須鎖定1～2個主要原因進行處理。這個部分我們已經強調過很多次，解決「問題」時，不要針對該「問題」思考解決方案，而是要針對該「原因」去思考解決方案。

比方說，針對「跨部門間合作不足」的問題，與會成員一起思考並且提出幾項原因，包含課長之間的感情原本就不睦、各部門之間的位置有距離、對彼此的工作沒有興趣、資訊共享的機會較少等。如果要針對這些問題的所有原因一一去探究，就又會再提出各式各樣的解決方案。

1個原因，可以輕鬆找出10個左右的解決方案。這樣一來，假設有10個原因就會變成有100個解決方案。

我們有辦法從這100個解決方案中選出可以解決主要原因的解決方案嗎？

幾乎不可能。

很容易會選到那些非主要原因、影響度較低的原因解決方案。可惜的是與會成員就算再怎麼努力討論那些影響度較低的原因解決方案，也無法根本性地解決「問題」。因爲就算解決了影響度較低的原因，也不過是解決了其中一個「問題」的分枝。

主要原因就不用說了，找出那些影響度較低原因的「解決方案」程序不會改變，但是也要耗費時間與勞力。對於解決問題而言，並不是有效率的方法。因此，必須釐清與鎖定聚焦於「主要原因」的解決方案。

那麼，假設「跨部門間合作不足」的主要原因是「資訊共享的機會較少」，就讓我們看看該如何選擇解決方案吧！

會議思路導引師

問：請各位提出一些可以促進資訊共享的想法！

參加彼此的會議

製造課長

午餐聚會

行銷課長

體驗其他單位的工作！

研發課長

舉辦成功、失敗範例分享會

讓所有課長進行職務輪調

這時的重點是要盡量拋出各種想法。在解決問題的流程中，思考解決方案是一種可以發揮創意的有趣工作。

完全不要去評價這些被提出來的想法（好、不好），屏除所有的限制條件，重點在於讓大家自由地提出想法。

在提出想法方面有一個非常知名的方法，那就是「腦力激盪法（Brainstorming）」。進行腦力激盪法時，必須注意以下事項。

腦力激盪法

- 量比質重要！（想法的數量重於每一個想法的品質）
- 嚴禁批判！（嚴禁批判、評價所有提出的想法）
- 自由奔放！（非常歡迎不按牌理的想法）
- 歡迎搭便車！（從既有的想法去聯想也 OK）

接著，就可以進入「從被提出的想法當中，選定應實際執行的解決方案」階段。

評估可實現性、性價比、預算等，並聚焦於1～2項解決方案。在此決定的解決方案會成爲後續應執行的工作。

比起針對「問題」的「解決方案」爭論不休，像這樣經過發現問題、鎖定主要原因、決定解決方案的程序，掌握住「主要原因」並且互相討論該解決方案的方式，更能夠引導出命中率較高的解決方案。

「因爲沒時間」這個理由而忽略這個程序直接進入討論、往下一個步驟前進，反而會大幅降低成功率。

特別是過去一直沒有機會執行的計畫，更是強烈建議應該按照本書所傳授的流程進行。

■ 擬訂計畫

最後一個階段，是要決定討論過後應執行的「問題」「解決方案」。**具體來說就是設定目標、找出工作任務、進行任務角色分配。**

針對跨部門合作不足的主要原因「資訊共享的機會較少」擬訂一個「解決方案」時，大家就會提出像是「參加彼此的會議」、「午餐聚會」、「體驗其他單位的工作」、「舉辦成功、失敗範例分享會」、「讓所有課長進行職務輪調」等各式各樣的解決方案。

其中針對「體驗其他單位的工作」這個「解決方案」，必須討論具體要做些什麼事物。「體驗其他單位的工作」具體來說還要訂定在何時、要做到怎樣的程度等所謂的「目標」，否則就不算是執行方案。接著，必須討論如何讓該解決方案的目標更明確。

設定目標時，基本上我們可以採用5W1H使其更明確化。

所謂5W1H是Who（誰）、When（何時）、Where（何處）、What（做什麼）、Why（爲什麼）、How（如何）等英語詞彙的第一個字母。

讓我們試著用5W1H來具體說明如何進行「體驗其他單位的工作」，詳述如下。

5W1H

- Who（誰）：100 名成員中的 30%，30 人
- When（何時）：4 月～ 6 月，共 3 個月
- Where（何處）：各單位所準備的體驗地點
- What（做什麼）：彼此的工作
- Why（為什麼）：用於互相理解彼此的工作、想法
- How（如何）：透過實際的工作去體驗

如上所述，目標是要訂定出一個不論是由誰來詢問都可以用同一種方式去解釋的答案。如果在這個階段曖昧不清，就無法釐清後續的任務，即使工作結束，也無法獲得良好的評價。「好的工作表現」會與「好的目標」連動。

SMART 這個架構也有助於設定一個「好目標」，也請各位參考。

SMART

- Specific（是否具體）：明確且具體
- Measurable（是否可量化）：成果可測量
- Achievable（是否可實現）：在可以達成的範圍
- Relevant（是否具有關聯性）：內容與公司或組織的目標相關
- Time-bound（是否具有時效性）：有一定的期限

善用5W1H與SMART的架構，可以讓解決方案的目標設定更加明確。

目標明確之後，就要釐清欲達成該目標應做的事＝任務。

這裡所謂的釐清任務通常會由會議主持人自己一個人進行，但是容易有遺漏或是缺失的缺點存在。因此，在會議中和與會成員一起找出這些任務會比較有效率。

問：請各位提出可以執行「體驗其他單位工作」的方法。

會議思路導引師

提出計畫、獲得預算、在公司內公告周知

製造課長

規劃各部門的體驗計畫表、調整工作時間

業務課長

專案啓動會議（kick-off meeting）、募集參與者

行銷課長

實施問卷調查、完成後要開慶功宴

研發課長

如果大家能夠一起幫忙釐清，就能夠明確知道該做些什麼會比較好，也可以減少任務的遺漏或是缺失。

比方說，研發課長提出「完成後要開慶功宴」乍看之下與「體驗其他單位的工作」並沒有必要的關聯性。然而，實際上很多成員都認爲「人們會爲了獎賞而努力」，如果只讓會議主持人自己去思考，實在難以浮現這種「放鬆的想法」，就是因爲有其他與會成員存在才能夠浮現這樣的想法。結果意外地非常有效果。

在開始工作之前，必須掌握應該要做到怎樣的程度以及會伴隨著怎樣的風險、如何進行想像等，都會對結果造成差異。

因此，工作任務越具體、越多面向越好。就讓我們借助所有與會成員的力量吧！

釐清任務之後，只要再進行任務分配，就可以開始工作了。因此，現在就讓我們來進行任務分配吧！

或許有些人會懷疑「體驗其他單位的工作」會有效果嗎？當然，前提是實際進行時，必須更深入挖掘、千錘百鍊得出更有效的結果。「體驗其他單位的工作」原本的目的是「爲了促進溝通、營造出一個清新的職場環境」，除此之外也可以期待以下的內容。

1. 由各部門的年輕人規劃工作體驗計畫書，即可期待年輕人先深入理解自己所屬的業務，並且與公司前輩溝通。

2. 整個部門一起完成的計畫書，可以運用在新進人員或是轉職者的訓練課程中。

3. 為自己的工作感到驕傲。管理部門從旁扮演無名的角色，並且告知其他部門該同仁的工作價值，以提升工作動機。

4. 可以向客戶宣傳。員工會更有信心地和客戶洽談業務，也能夠藉此提升形象。

乍看之下是否會有效果呢？這些解決方案經過一番磨合後，我們通常可以期待這些措施會產生更大的效果。

column

可以在「發現、解決問題會議」中提出哪些「問題」?

在「發現、解決問題」會議中，從掌握現況到解決方案出現爲止，可以使用一些能夠引導衆人提出意見的簡短問句。請各位務必在會議中實際運用看看。

在「掌握現況」的階段

●**可以問**：「釐清一下職場中會令人覺得氣氛不好的地方！」

加入「覺得」這個詞彙，會讓人比較容易講述出自己的意見。

「覺得（想法）」、「好／壞（喜歡／討厭）」這些詞彙都是「個人的感覺（個人想法）」，會比較容易回答得出來。

在「應有狀態」的階段

●**可以問**：「這樣的職場最讚！你覺得那會是怎樣的職場呢？」

使用「最讚」這樣的表現，會讓人覺得沒那麼拘謹，可以自由地思考。

在「釐清原因」的階段

●**可以問**：「你覺得爲什麼會有這樣的鴻溝產生呢？」

釐清原因時，一定要再多問一句「爲什麼」。

在「解決方案」的階段

●**可以問**：「請大家提供可以用來消除○○的想法。」

「想法」也是一個自由度頗高的詞彙。可以表現出一種「什麼都可以談、任何意見都可以說出來唷！」的態度。經常用於想要獲得範圍更廣的解決方案意見時。

第 4 章

如何在會議進行中引導出與會成員的意見

01 依序聆聽並且引導出每個人的意見

「不提出意見」。

這是在釐清會議課題時，出現機率100％的最高等級課題之一。

該不會這其實是日系公司的共通課題？

當然，我也有過這樣的經驗。

這個部分會強烈影響「大家對會議結論的接受度」，因此不要逃避，這是一定得要解決的課題。

此外，會議的流程是「收集意見」、「整理」、「達成共識（決議）」，因此「不提出意見」會成為會議最初的絆腳石，打從一開始就讓這場會議無法繼續下去。

那麼，究竟為什麼「不提出意見」呢？

理由有兩種。

一種是「眞的沒意見」。

另一種是覺得「雖然有意見，但是覺得在那個場合裡不適合講」，而特意不講出口。

如果是眞的沒意見也就算了，但是實際上往往是「雖然有意見，但是總覺得在那個場合裡不適合講」，因而有非常多人選擇保持緘默。

我想一定是基於某種理由才會有意見卻不肯說，寧可讓主管自己去推敲，也不願意在眾人面前發表自己的意見。不論如何，針對那些「有意見卻不說」的人，必須有一些因應對策。

基於主持過許多場會議的經驗，我會採用兩種解決方案。

其中一個方法是「依序詢問每個人的意見」。就只是這樣而已。只要這樣做，效果就會非常好。

參加會議時，是否曾有被問過「還有沒有人有意見？」的經驗呢？這樣做恐怕會回答的人有限。因爲是「向所有人發問」。

如果「向所有人發問」，大家就會開始猜測「誰會先回答呢」，因而大幅增加觀望者。

只有少部分愛表現的人會搶著回答。有些人可能想藉由該機會發表自己的理論。然而，這種問話方式，一定也會讓發言者有所微詞。

那些大膽嘗試並勇於表達意見的人會覺得「爲什麼每次都只有我……」之後就會逐漸停止發言。

一直採用這種向所有人發問的形式，最後就會變成大家都不願意發表意見，因而成爲一個氣氛不佳的會議現場，許多參加會議的人也會變得抑鬱難伸。

「向所有人發問」是最不該進行的事情之一。

另一方面，採用「依序詢問每個人的意見」的方法時，由於大家知道一定會輪到自己，因此不被允許成爲一名旁觀者。或許不講出自己的意見，還會被認爲是工作表現不佳呢！因此大家就會認眞地參與會議。

「關於這個案件，我想要分別依序詢問各位的意見。」

「那麼，就從○○開始順時針進行好嗎？」用這種方式進行詢問，請大家依序回答。就可以在這種狀態下解決「有人都不提出意見」的問題。

然而，這種作法可能會在某種情況下讓與會成員有一種「被迫要提出意見」的負面觀感。因此，接下來要傳授給各位的就是「能夠引導出意見的重點」。

02 能夠大量引導出與會成員意見的7大重點

會議的「應有狀態」通常不會是「我想要趕快發言！快點輪到我！大家快來聽聽我要講的內容！」這種狀態吧！

想要出現上述那種狀態，必須要多下點功夫才行，重點有以下7項。

■ 要下功夫的重點

1. 提出一些「容易回答」的問題

「無法讓人立刻理解題目在問什麼」這種稍微有點困難的問題是NG的。**請用一些連小學生都可以理解、易懂的詞彙來提問吧！**

我個人常用的句子，如下：

- 那麼，關於這個議題請告訴我「你的感受」
- 那麼，關於這個議題請告訴我「你在意的地方」
- 請告訴我「你認為的」課題
- 請告訴我「你認為的原因，什麼都可以喔！」
- 請「隨意地」告訴我，有哪些應該解決的項目
- 請告訴我，有怎樣的任務要處理？或是「你想起來有哪些事物要處理」？

我認爲上述完全沒有放入任何困難的內容。

此外，要特別注意詢問「情緒」的部分。

由於感受到的、在意的事物都是當事人自己的情緒，沒有「正確答案」也沒有「錯誤答案」，因此更容易讓人說出自己的意見。

根據場合不同，我認爲比起詢問正確答案，讓當事人「隨意地」、「想起來哪些事情」、「什麼都可以」等，不求正確答案的詢問方法，會讓大家更容易作答。

2. 讓大家進入「依序講一句話」狀態

請大家依序發表意見時，如果沒有控制好時間，恐怕會出現那種不斷超時發言的人。

爲了獲取所有與會成員的意見，可以多加一個規定「只能講一句話」，即可讓會議有節奏地順利進行。

我除了會用「只能講一句話」以外，常用語句還有：

- 每次只能說一個（這種情況可能是會輪流好幾次）
- 在 1 分鐘內

等等。

3. 「PASS」也OK

詢問每個人的意見是最基本的，但是其中有些人是眞的「沒意見」。雖然我們想要消滅那些所謂的旁觀者，但是把所有可以逃避的路都封死，可能會讓人喘不過氣來，因此可以多講一句「可以PASS唷！（你也可以選擇PASS喔！）」給人一盞明燈。

4. 輪流2～3次

根據詢問的內容，如果有好幾個想法、無法用一句話講清楚時，也可以多輪流幾次。不論幾次都可以，讓大家依序輪流發言，即可預防有些人發言過長。

5. 詢問時要笑臉迎人

伸手不打笑臉人。

6. 絕對不否定與會成員回答的內容。100%接受。

絕對不否定與會成員提出的任何意見。

這是會議思路導引師在推動會議時，非常重要的態度。

即使「與自己的意見不同」，也要100%接受：「原來如此，也有這樣的想法呢！」

我會意識到這個部分，並且特意訓練自己，到現在我的字典裡已經沒有「否定」這種字彙存在。必須貫徹到這種程度，並且確實執行「不否定」他人的意見。

7. 對於提出的意見要積極地予以回應

與會成員所提出的意見，日後很可能會成爲重要的想法之一。

因此，希望會議思路導引師能夠積極地給予回應。

- 真不錯呢！
- 有喔！
- 原來如此！
- 哇！這超出我的想像了呢！
- 哇！這是我絕對想不到的點子！

收到這些回應後，提出意見的人就會覺得「自己有被接受」而感到安心。所以，請用一種尊重每個人意見的態度予以回應吧！

將上述7點彙整起來，對話內容就會呈現如下：

「那麼，關於這件事情，我想請各位依序發表一句話」
「因為好像有蠻多意見的，在大家講完所有意見之前，我們就多輪流幾遍吧！」
「這次也一樣可以選擇 PASS 唷！」
「那麼，就從○○先生／小姐以順時針方向開始進行吧！」
「○○先生／小姐，請說！」

有了上述這些方法加持，想必會更接近「我想要趕快發言！快點輪到我！大家快來聽聽我要講的內容！」的狀態。

這些方法隨時都可以立即實行，請務必嘗試看看！

然而，重點是要能夠打造一個讓任何人都「能夠暢所欲言提出意見」的環境。**為此，必須要營造出一種「讓人感到安心且安全的氣氛」**，關於這個部分我們會在之後「營造氣氛」的章節進行解說。

另一個解決方案是可以在短時間內從與會成員身上引導出大量意見的「KJ法」。

KJ法可以同時解決「收集意見」與「整理」這兩大問題。

在許多思考法與架構中，KJ法經常被推薦作爲會議引導工具，本書會在第5章中進行詳細的解說。

03 用肉眼可視的方式彙整意見

引導出意見後，必須再將那些意見「進行整理」。如果沒有先將那些已經提出來的意見進行一定程度的分類，就無法進行最後決定。

「整理」這件事情非常需要花功夫、難度也相當高，並不是每個人都有辦法勝任。會議思路導引師必須在會議進行的過程中就要將會議中所提出的意見進行整理。

也就是說，會議思路導引師非常需要整理的能力。

「整理」被發展爲一門學問，稱作「邏輯思考」。邏輯思考又被開發出數百個用於整理資訊的架構。

因此，希望各位能夠學習邏輯思考的架構。在此，稍微針對究竟何謂「整理」做一解說。

■ 整理

「整理」必須符合以下3項條件。

1. 可視化

整理的第一步就是可視化（肉眼可見）。

只需要以條列式的方法將大家提出的意見重點寫在白板上就OK了。所以，就先不斷地寫在白板上吧！

2. 整理方法的類型

整理的方法共有3種類型。

最具代表性的就是樹狀型、矩陣型、時間軸型等3種，在商業架構（business framework）上通常也會以這3種類型爲基礎。

「Tree（樹狀型）」……如邏輯樹般的樹狀整理法。

「Matrix（矩陣型）」……所謂的表格形式，以橫軸、縱軸進行整理的方法。

「Process（流程型）」……以時間軸進行的整理方法。

3. MECE（周延而完整）

商務上經常會使用一種稱作「MECE（Mutually Exclusive, Collectively Exhaustive＝**周延而完整）」的「思考原則」**，整理時是否可以充分找出針對該「問題」的所有意見，這個概念非常重要。

我們在判斷任何事情時，都希望能夠全盤找出可以用於判斷的條件。腦中會拼命湧現出「是不是還有什麼不足？」的疑問，或者即使有很多條件但卻是重複的，都會讓人難以進行判斷。

然而，若要論到怎樣的地步才能夠達成「MECE」其實相當困難。因此，我個人認爲**實務上可以將MECE視為理想，只要將「能夠找出並且達到某種程度的狀態」視為目標即可**。

累積更多會議導引的經驗後，就會更清楚知道該如何設定更具體的目標。

以下我們將繼續針對「MECE」的部分深入探討。

04 全面性思考問題的原則——「MECE」

在此，我們要針對MECE進行相關說明。

所謂MECE，意味著「周延而完整」，是由Mutually（互斥）、Exclusive（不重複）、Collectively（周延）、Exhaustive（沒有遺漏）的第一個字母所組成。

這種全盤掌握必要條件且不得重複的概念，可以幫助我們正確掌握事實狀況、有系統地思考事物狀態並且正確解決問題。如果遺漏掉一些重要條件就可能會喪失一些機會，當重要條件有所重複則會產生浪費，造成無謂的努力。

概念圖如右所示。

意識到MECE並且將大問題細分為較小的條件，即可掌握住問題的結構。此外，也可以防止遺漏一些必要條件或是將條件誤分在相同範疇內。

讓我們具體地來思考這個部分吧！

比方說，以下的範疇或是條件不能算是MECE。

・ 人類性格（溫柔、嚴厲）

→在人類性格範疇下，容易出現主觀的印象或是態度相關詞彙，單一要件的定義就會顯得曖昧不明。

・ 餐飲（日式料理、西式料理、義式料理、中式料理、通心粉、拉麵、輕食、港式飲茶）

→在餐飲範疇下，如果將義大利麵與拉麵這種單品料理視為同一條件就會出現遺漏的問題，且義式料理可以包含通心粉、中式料理也可以包含拉麵，就會有重複性的問題。

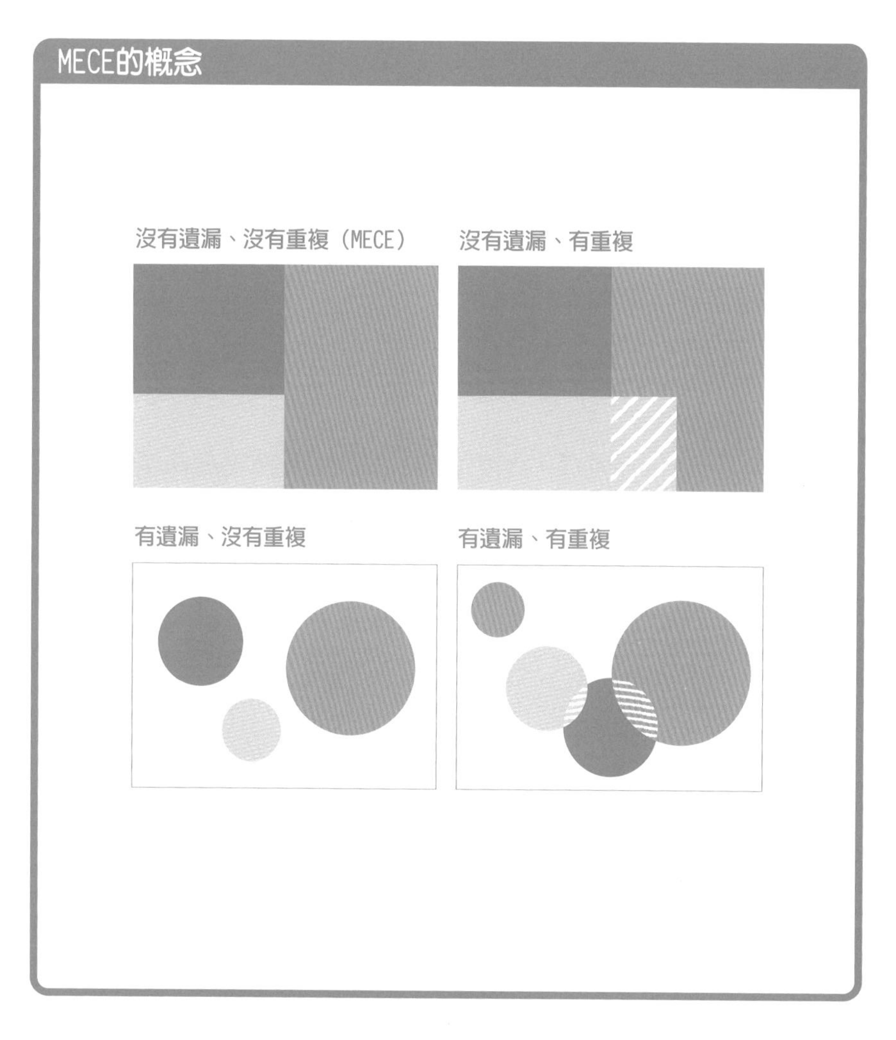

・ 訪問地點（亞洲、美國、中國、俄羅斯、北京）

→地區或是國名、首都等混雜，就會出現遺漏且重複，且有階層上的偏差狀況。

以下這種範疇分類才能夠成爲MECE 。

・空間（都道府縣）
・時間（上半年、下半年）
・年齡（成年、未成年）
・價格區間（不到 20 萬日幣、20 萬日幣以上）

如果能夠適切地定義數量、時間、空間，就可以成爲完整的MECE。

想要有意識地進行MECE，必須先進行適當的範疇定義與條件分類，才可以引導出完整的意見。

第 5 章

引導出與會成員意見後，再進行整理

01 可以在導引與會成員意見時，同步進行整理的「KJ法」

我們曾在「前言」中提及滿足優質會議必須達到3大條件：「①守時」、「② 做出決議（收斂整理）」、「③與會成員的接受度高」，重點是要在先前說明過的流程中，引導並且整理出所有與會成員的意見。

所謂的「接受」係指能夠闡述自己的意見並且感受到自己的意見有被接受的狀態。

我想或許有人會懷疑，怎麼可能在會議中讓所有與會成員都講出自己的意見呢？

其實有一種非常方便的方法一定可以讓大家講出自己的意見。

並不是突然讓大家進行意見交流，而是先讓大家互相提出意見。在這種狀態下，100%的與會成員都可以傳達出自己的意見。

能夠實現這種狀態的方法就是KJ法。

再者，這種KJ法不僅可以在短時間內彙整全體與會成員的意見，還可以在短時間內進行整理與摘要。會議的基礎是要收集、整理與會成員的意見。可以讓任何人都在短時間內輕鬆完成這兩個步驟的就是KJ法。

※KJ 法已為日本川喜田研究所註冊商標

■ 何謂KJ法

KJ法是由發明者—川喜田二郎（Kawakita Jiro）名字英文發音的開頭字母所命名。身爲一名地理學家，川喜田二郎先生爲了將研究結果撰寫於論文，必須整理龐大的調查內容，因而編撰出這個KJ法。

與其說KJ法是一種會議導引方法，也許更接近爲邏輯思考方法，在嘗試過各式各樣的方法後，我認爲這是其中最爲優秀的一種整理方法 。

使用KJ法時必須準備白報紙、簽字筆、便利貼等物品，或許有些人會覺得「很麻煩」。

然而，從會議思路導引師的觀點來看，KJ法是一種非常具有魅力的方法。爲什麼這樣說呢？因爲除了可以引導出所有與會成員的意見，還可以同步整理這些意見，是一種非常有效率的整理方法。

在「發現、解決問題會議」的流程方面，應先掌握「現實」與「應有狀態」的鴻溝、探究該原因、思考解決方案，但是如果使用的是KJ法，就可以在短時間內收集各種場合下的與會成員意見。而且，在收集意見的同時，還可以同步進行意見整理。

比方說，有一場會議是要討論「職場環境不佳」這個問題的潛在「原因」。

這時如果是一般的會議，想必會讓與會成員針對職場環境不佳的原因分別口頭講述個人意見。

然而，**KJ法，並不是讓大家闡述意見。這是重點中的重點**。

如果使用的是KJ法，會先發給每個人一疊便利貼，接著會議思路導引師會說：「請各位寫下造成職場環境不佳的原因。」

讓與會成員把自己認爲的問題分別寫在便利貼上。如果認爲有3個問題的人就寫3張便利貼，認爲有6個問題的人就寫6張便利貼。

時間約3分鐘！

只需要3分鐘，就可獲得所有參與該會議者的意見。如果是用口頭互相討論，幾乎不可能在3分鐘內就收集到所有人的意見吧！

我認為使用KJ法的會議是一種「不用說話的會議」。

雖然不用說話，卻可以在短時間內讓所有人提出自己的意見。即使不用說話，只要會議思路導引師可以正確提問，所有與會成員就可以自由地在便利貼上寫下自己的意見，這樣就可以成功地「收集到全體與會成員的意見」。由於是讓與會成員本身藉由書寫的方式提出意見，因此大家就會覺得「可以寫出自己的意見」。會議思路導引師再將與會成員書寫於便利貼上的意見分類、整理於白報紙上。

請見右圖。這是由5位出版相關人員聚集在一起，針對「如何決定增刷某本出版品比較恰當呢？」這個主題召開會議時的情形。

所謂增刷，是指重新增印（印刷）可販售的出版品。

出版品分為可以增刷的書與無法增刷的書。這是一場針對「差別在哪裡」而請大家集思廣益的會議。

身為一名會議思路導引師，我會這樣提問：「為什麼你們會覺得有不能夠增刷的出版品呢？」然後讓5位與會成員將自己的答案寫在便利貼上。**限時3分鐘。再將收集而來的意見整理在白報紙上。**

1張便利貼上只能寫1個答案。這是使用KJ法時的重點，有很多個答案也沒有關係。5個人針對「某本出版品不能夠增刷的理由」提出的想法，答案會非常多，3分鐘內每個人都使用了約10張便利貼，約10個答案。

5個人，每個人寫出10個答案，就會有50個答案。於是，就會有50張便利貼。利用白報紙，把這50張便利貼中相同類型的答案貼在一起、進行分類，就可以快速完成整理工作。KJ法不僅可以用來「收集意見」，還是一種「可以快速進行整理」的工具。

由5位出版相關人員一起進行的出版品增刷與否討論會議

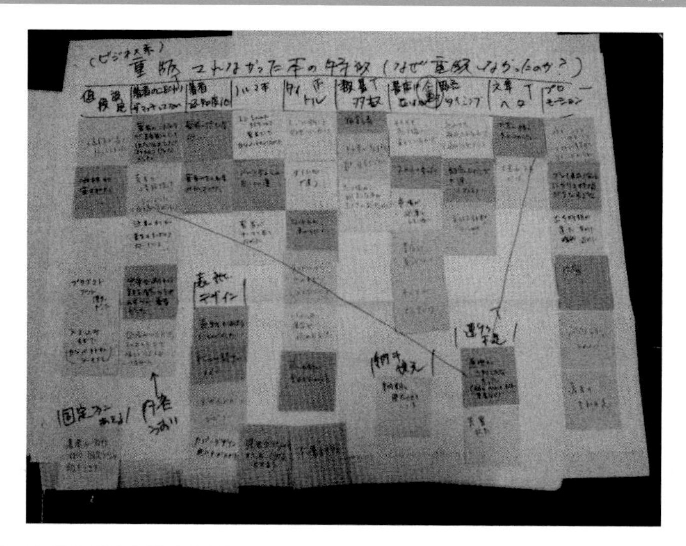

在口頭互相討論的會議中，如果每個人都任意陳述意見，狀況就會變得很混亂甚至是難以理解，但是如果採用的是這種先將意見寫在便利貼上，再進行整理的KJ法就不會出現這種情形。

再加上，**使用白報紙進行整理，可以達到「可視化」這項條件**。

只要看一下有多少張便利貼，就能夠一目瞭然有多少意見。這樣一來，就很容易進行資訊共享、達到會議的理想狀態。

不論是自己的意見還是他人的意見，全部都會貼在白報紙上。**不論是年輕人的意見還是主管的意見，都會毫無階級之分地張貼在白報紙上**。所有與會成員提出的意見是否都有被同等地對待，也會大幅影響與會成員對會議的「接受度」。

覺得自己的意見受到重視。提出意見後，還能夠接收到會議思路導引師說一句：「很不錯呢！」像這種提出意見後被他人接受的經驗會讓與會成員感到「安心」。

話說回來，在出版品增刷會議中，被認爲不該增刷的出版品特徵當中，最常出現的答案是「作者的堅持不符合（讀者）期待」、「書名不佳」。即使當初擬定書名時，覺得「這個書名一定可以大賣」，結果一擺到書店，卻又突然覺得好像是一個很難以理解的書名……，這些情形大家應該都遇到過吧！

那麼，在會議中該如何使用KJ法呢？

由於KJ法可以幫助會議思路導引師順利地進行會議流程，因此在資訊收集以及整理方面是非常有用的方法。

比方說，本書反覆提及**可以在「發現、解決問題會議」的解決問題步驟中使用KJ法進行討論。**

首先，我們可以根據第3章介紹到的解決問題步驟，先使用KJ法釐清問題階段內的「①掌握現況」，接著使用KJ法找出何謂「②應有狀態」。再於原因分析階段中使用KJ法「④釐清原因」，並且在選定解決方案的階段下「⑥釐清解決方案」……，用這種感覺依序使用KJ，就能夠達到「⑦選定（問題的）解決方案」階段，達到該狀態後，爲了讓解決方案能夠反映出實際的業務狀態，在擬訂計畫階段下，必須「⑧擬訂活動計畫」設定目標、釐清任務、角色分工，再透過會議決定一個「問題」的解決方案，即可進入執行階段。

如此一來，KJ法就能夠在解決問題步驟中的所有情境下提供協助。

02 「設計問題」是引導出意見的關鍵

——最重要的並不是找出正確答案。而是找到正確的問題。

這是管理大師——彼得・杜拉克的名言。

在「發現、解決問題會議」方面，有「掌握現況」、「描述應有狀態」、「釐清原因」、「思考解決方案」等流程。

隨時向與會成員「收集意見」、「整理」，最後「達成共識」都是會議思路導引師的重要工作。

最初的「收集意見」是非常重要的階段，如果沒有人提出任何意見，會議就無法進行。

再加上，**並不是什麼意見都要收集，必須是符合會議主題的適當意見，才能夠「收集到精準度較高的意見」**。

「一場會議中，沒有人提出任何意見」時，我們可以斷言有接近八成的機率是因爲「會議思路導引師的問題設計不佳」。沒有人發表意見，可別只想要怪罪與會成員。其實可能只是因爲會議思路導引師的提問方式稍微困難、沒有正中紅心、不明確。

那麼，該如何收集到大量的優質意見呢？

那就是必須先準備「好的問題」。

03 標準是「問題」一拋出，與會成員可否提出3個以上的意見

擬定「問題」的標準是連小學生都可以理解的簡單內容。

不需要把問題設定得太困難，任何人聽到該問題都能夠毫無疑慮地直接回答出來即可。

比方說，一聽到「請告訴我，職場『應有的狀態』」這種問題時，應該會有一瞬間傻住「嗯？應有的狀態？」而不知所措吧！

不過，如果是被問到「請告訴我『這樣的職場最讚！』應該會是什麼樣的狀態？」，答案是否就會不斷地出現呢？像是：「最讚的職場？那就是少加點班最讚啦！」、「部門同仁都非常有精神、同事感情良好的環境最讚」、「能夠對我所做的工作給予適當的評價，就會讓我覺得非常高興」等。

擬定問題時要注意的重點就在此，必須思考**大家是不是能夠快速寫下超過3張便利貼**。

KJ法，其實就是將針對某個問題的想法寫在便利貼上。

由於規定每1個意見都要寫在1張便利貼上，且至少要寫3張以上的便利貼，那麼所謂的「好問題」最少要讓人能夠快速地提出3個左右的意見。

如果擔心「不知道大家是否能夠寫3張以上的便利貼」，就請試著思考以下這句話。

自己聽到這個「問題」時，是不是也能夠立刻寫超過3張便利貼呢？

比較「請告訴我一間公司『應有的狀態』」與「請告訴我『這樣的職場最讚！』應該會是什麼樣的狀態？」這兩個問題，哪一種可以讓人立刻寫出3張便利貼呢？

用這種感覺去擬定問題、思考問題，自己也可以試著用便利貼把答案寫下來，實際去感受哪一種「問題」比較能夠讓人輕鬆地提出大量的意見。

04 思考「問題」時，如果覺得疑惑

「好問題」的標準是「問題中沒有包含其他問題」。

擬出「請告訴我一間公司應有的狀態」這樣的問題時，如果與會成員當中有人提出**「應有的狀態，那是什麼啊？」這種「新的問題」時，該「問題」就不能算是「好問題」**。

如果是「請告訴我『這樣的職場最讚！』應該會是什麼情形？」這種問題，應該就很難再想出新的問題吧！

「問題」必須簡單易懂。

另一個希望會議思路導引師在思考「問題」時要特別注意的是抽象程度的高低。

例如，請試著比較以下內容的抽象程度。

抽象程度較高

- **「請告訴我，參與會議時會令人感到困擾的問題」**
- **「請告訴我，參與經營團隊會議時會令人感到困擾的問題」**
- **「請告訴我，在參與經營團隊會議的過程中，你認為有哪些問題」**

抽象程度較低

這三個問題的抽象程度完全不同。越下方的「問題」抽象程度越低，也就是說具體性越高。

擬定「問題」時，並不是具體性高的就是「好問題」。反之亦然。並非抽象程度高的就不是「好問題」。

那麼，如果硬要說哪一種比較好，針對不定期召開的會議，請試著思考「哪一種方式比較能夠收集到貼近會議主題的意見」。

想要獲得具體意見時，就擬定一些抽象程度較低的「問題」。想要讓與會成員自由陳述意見時，最好擬定抽象程度較高的「問題」。

詢問「請告訴我，進行經營團隊會議時會遇到的課題」這種抽象程度較低、較有具體性的「問題」時，心中預設「啊，只要大家能夠針對進行會議這件事情提出一針見血的重點意見，就好了吧？」應該可以在這個範疇內陳述意見吧！

相反的，如果是「請告訴我，參與會議時會令人感到困擾的問題」這種抽象程度較高的「問題」，就會出現「眞困難耶！互相討論後總是沒有結論，讓人很有壓力」、「有主管在的時候，我很難講出自己的意見，讓我覺得很困擾」、「會議時間經常太冗長，讓人覺得很困擾」等預設各種會議場景的自由意見。

剛成爲會議思路導引師時，可能會覺得「控制問題的抽象程度」很困難，但是就請先暫時將它收在腦袋中的某一個角落。

05 KJ法的程序與訣竅

只要稍微掌握住訣竅與程序，就能夠輕鬆進行KJ法。

會議思路導引師依照該程序進行，就能夠發揮KJ法的威力。反過來說，如果沒有理解程序，就會變成只是在浪費時間，而無法運用在實務上……。

首先，我們可以利用KJ法確認彙整好的表格。

■「程序」

程序1　將問題寫在白報紙上

KJ法會使用到白報紙與便利貼。

先在白報紙的最上方寫下「問題」。

這個程序可以讓「問題」變得「可視化」，並且藉此讓與會成員確認、了解究竟是在問什麼問題。

程序2　請與會成員將答案寫在便利貼上，限時3分鐘

接著，讓與會成員將針對該「問題」的意見寫在便利貼上。書寫便利貼時，有一些原則必須要遵守。

・1張1意見（基本原則）

因為當1張便利貼寫上多個意見時，會無法進行分類，因此務必遵守1張便利貼1意見的原則。如果有好幾個意見時，就請分別寫在好幾張便利貼上。

・使用簽字筆（禁止使用自動鉛筆、原子筆）

如果不使用簽字筆，會難以辨識便利貼上的文字。當數張、數十張便利貼上都寫著難以辨識的意見時，著實會造成相當大的壓力。貼在白報紙上，為了讓大家一目瞭然，還是必須使用簽字筆。

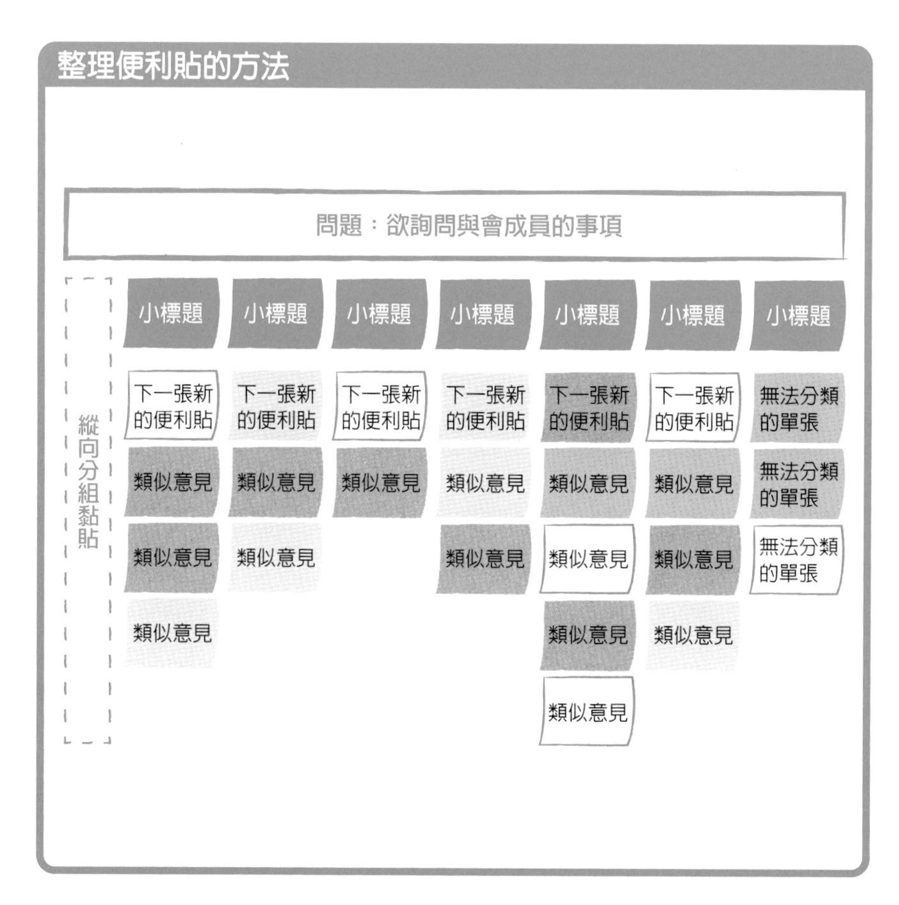

・ **側撕便利貼**

想像一下，如果便利貼有黏性的部位在上，整張便利貼就會朝有黏性的方向捲起。

如果是將便利貼從側邊撕開，就能夠發揮100%的黏著力。

或許你會覺得「怎麼可能有那種事情」，但是的確如此，將便利貼有黏性的部位朝上貼在白報紙上，沒多久就會啪啦啪啦地掉落下來，而必須使用膠水等重新貼上，搞得相當麻煩。只要稍微注意一下「這種小細節」，就能夠更有效率地進行會議。

便利貼的書寫、撕開方法

書寫便利貼之前，先給大家2～3個書寫範例，也可以幫助這個方法進行得更加順利。

程序3　回收便利貼、進行整理

等大家寫好便利貼後，就要進行回收並且將所有意見貼在白報紙上，同時進行整理的工作。程序如下：

1. 向距離最近的人說「任何一張都可以，請先給我 1 張便利貼」，然後回收該張便利貼。
2. 讀出便利貼上所書寫的意見後，貼在白報紙的最左側。
3. 向大家呼喊：「還有沒有人有類似的意見」，並且回收類似意見的便利貼。
4. 回收類似意見的便利貼後，依序貼在程序 2 回收的那張便利貼下方，進行分類的動作。

這樣就完成了1個縱向排列的整理。1個縱向排列內彙整了所有類似的意見，因此可以說是完成了1個獨立的分類。

第2列也用同樣的程序進行。

反覆進行直到全體與會成員的便利貼都貼完。

當所有的便利貼都貼完時，應該會出現好幾個分組類別。**請將分組的類別數量控制在7～10個左右。**

此外，如果有單獨的意見且沒有其他類似的意見提出時，暫時都先放在「其他」類。

程序4　幫分類好的群組訂定「小標題」

當所有的便利貼都貼在白報紙上，也已經區分出幾個類別後，就可以針對各個類別，分別用一句話訂出小標題。

難以訂出小標題時，也可以從收集來的意見中，找出1張最易於理解其意見的便利貼，直接作爲小標題也OK。

訂好所有的小標題後就完成了！

程序5　瀏覽完成的表格，共享每個人的想法！

藉由瀏覽這張透過KJ法完成的表格，共享每個人的想法，接著再移至討論階段。

在將便利貼貼在白報紙的過程中，我們可以看到所有與會成員的意見並且進行整理，這會大幅提高後續的討論品質。

截至目前爲止所完成的程序，約需20分鐘。

針對一個主題找出大量的意見，再進行大致的整理，竟然只需要20分鐘。

比起那種互相討論，這個不行、那個不行，只是在耗費大量時間、徒增壓力的會議，KJ法能夠幫助會議更有效率地進行。

接著，再來說明使用KJ法進行會議時的訣竅。

■ 訣竅

訣竅1　不問問題！不讓解釋！

在程序3中，收取便利貼、整理到白報紙時，嚴禁讓當事人解釋該內容。

因爲如果1張1張地聆聽說明解釋，恐怕不知道要分類到何時，與會成員也會覺得很厭煩。

說明、共享想法等，必須等到所有整理工作都結束後再進行。

將整理的時間與討論的時間分開，因爲「混雜是一件很危險的事」。

會議思路導引師回收便利貼、黏貼到白報紙時，只要讀出該內容，並且黏貼上去即可。如果覺得意見很好，也只要說「很不錯呢！太好了！原來還有這種想法呢！」等用一句話回應即可。讓與會成員覺得自己被認同、被接受，整個會場的氣氛也會變得更好。

訣竅2　只要大概分類就好，要重視的是節奏！

曾經有人詢問「不知道分類的方法」。

分類時，請用一種「大概分類就好」的感覺。讓大家把對職場的問題寫在便利貼上時，看到有人寫「溝通不足」或是「溝通不順暢」這種意見時，應該可以立刻知道要把它們分在同一類，但是當有人提出「笑容不足」、「整個氣氛讓人難以對話」、「被辦公室隔板分開而無法互相寒暄」等意見時，或許就會覺得「嗯？這些是放在溝通不足的分類就好嗎？還是要再成立新的分類呢？」而猶豫不決。

這種時候請「大概分類就好」，姑且將全部的便利貼都先放在「溝通不足」的類別。

然後，在彙整其他便利貼的意見時，如果大量出現「默默工作、不苟言笑的人較多」、「笑容較少」等意見時，就可以思考一下「在剛剛那個溝通不足的類別中也有放了一張『笑容不足』，是否多做一個『笑容』類別會比較恰當呢？」之類的。

因為便利貼可以瞬間移動，所以不需要過於神經質。

與其如此，要優先考量的是節奏感與速度。不斷地1張1張貼上去，不要停下來，類似以下這種感覺：「喔，溝通不足」、「啊，A先生／小姐也認為問題出在溝通上呢！」、「C先生／小姐也是嗎？溝通，真是職場間最大的問題呢～」，請專注於讓整個節奏流暢。

如果大多數的意見都已經是肉眼可視的狀態，就可以開始進行正式的討論。

不需要把目標訂在100分。

訣竅3　類別最好是7～10個

大約分成7～10個類別，最為恰當。

類別在5個以下可能會覺得過於粗糙，5～6個稍微嫌少，超過10個又分得太細，基本上有這樣的概念即可。

06 KJ法會使用到的工具

運用KJ法時，主要會使用到的工具有白報紙、便利貼、簽字筆。

我個人最愛用的白報紙是「KOKUYO千格紙 A1 type 50張 C1W」。這款紙張不會捲起，相當適合用於進行KJ法，深受本人喜愛。

便利貼方面，首推3M公司製的「Post-it」。

雖然百元商店等也都有販售便利貼，但是黏貼於白報紙上時，經常會有貼不牢而啪啦啪啦掉落的情形。如此一來還得浪費時間在修補上，因此本人還是推薦3M公司製的產品。黏著度非常剛好，與其他產品的差異甚大。

最佳尺寸為75mm×75mm。

價格稍微有點高，90張、6本大約要1000日幣（台灣售價約150～180元）。但是，如果把它們當成是能夠有效率推動會議的「主角」，就可以視爲是一種必要的投資。

顏色方面，可以選擇黃色、粉紅色、藍色、綠色等各色一組的便利貼。**比起使用單一顏色的便利貼，將意見書寫在各種顏色的「Post-it」，再黏貼在白報紙上會更容易讀取，大家的心情也會變得比較美麗。**

簽字筆方面，最推薦各位使用的是Zebra牌的PROCKEY水性極細款「紙張專用雙頭簽字筆」。建議與會成員可以使用粗的那一頭來書寫。

使用PROCKEY這種簽字筆的好處在於用粗的那一頭寫在Post-it時會比較容易讀取、不會印到紙張背面，也不會有印到手上等狀況。乍看之下都是一些很細節的小事，但是實際在會議中試用看看就知道這些細節非常重要。希望會議思路導引師能夠注意到每一個備品的細節。

一盒8種顏色的簽字筆約在300元以內。除了黑色以外，還可以使用紅色、綠色、藍色等各種顏色（只需要避開黃色筆，因爲寫在便利貼上會難以辨識）。

建議使用的工具們

Post-it 便利貼
75mm × 75mm

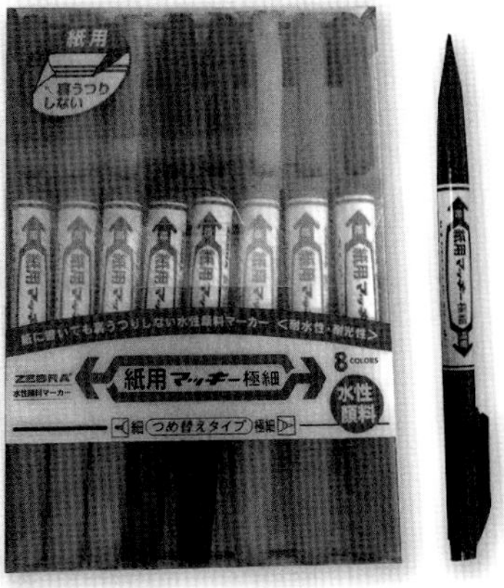

Zebra 牌水性紙張專用雙頭簽字筆
極細款 8 色

KOKUYO 千格紙
A1 type 50 張 C1W

07 KJ法可以提高與會成員對會議結論的接受度

使用KJ法後，1小時的會議中有3次左右的機會可以讓每位與會成員寫下、陳述個人意見。

- □可以在便利貼上寫出好幾條個人意見
- □會議思路導引師使用白報紙進行整理時，也可以同時彙整意見
- □在白報紙上整理完成後，請大家針對白報紙上的內容說出自己的感想

試著在1小時的會議中，僅用20分鐘處理這個階段，讓大家實際感受到「自己身爲該場會議的一員、其他成員確實有聽到自己的意見」。**這是一個優質會議的必須條件，也可以提高與會成員對「會議結論的接受度」**。

會議思路導引師在製作議程時，要讓與會成員感覺到「自己是可以表達意見的」，所以應該要在適當的時機建立一些「機制」，並且考量該場會議的狀況。然而，這個部分不可缺少KJ法。

解決問題時必須掌握現況、描繪出應有的狀態、釐清原因、釐清解決方案，在所有情境下都要能夠收集、整理與會成員的意見，並且進行討論。

會議思路導引師在還沒有太多場主持經驗時，可能無法如預期般在「20分鐘內完成」而超出一些時間，只能等待累積較多經驗後逐漸熟悉這項作業。

第 6 章

達成共識的方法

01 企圖達成共識

在「發現、解決問題會議」方面，釐清「問題」之後，就可以從中聚焦於1個問題上，或是聚焦後更深入挖掘問題（有時單純釐清問題後就可以結束會議）。

這時候最重要的是達成共識。

也就是說，必須執行的是能夠幫助與會成員達成意見一致的作業。

尊重個別的意見，同時聚焦在1個問題上。使用KJ法收集意見時，因爲不需要與任何人對話，所以往往可以順利地進行，但是一旦進入討論，氣氛往往會變得非常火爆。

這是會議思路導引師應該要能夠掌握的地方。

在達成共識方面，確認「決定方法」、「範疇大小」、「基準」這3項是否都備妥是相當重要的。

接下來就讓我們分別確認這3項的內容爲何吧！

達成共識

決定方法
（種類）

範疇大小

基準

・決定方法……決定 1 個問題

・範疇大小……確認是否有那種過於發散，或是過於細節的部分

・基準…………每個人都會有自己的「基準」

02 決定方法的種類

聚焦於1個問題的決定方法有以下幾種。

「全體一致通過」、「多數決」、「由會議主持人決定（完全委託）」，除此之外還有抽籤或是猜拳。

比方說，職場中現在有6個問題，要選出1個應該先著手開始處理的問題。

【職場中的問題】

1. 溝通不足
2. 人才培育不足
3. 業務沒有被標準化
4. 無法進行整理、整頓
5. 離職率高
6. 企業願景沒有滲透力

■ 關於決定方法

要從上述6個問題中，決定應該要從什麼地方著手處理時，是要採取「全體一致通過」、「多數決」還是「由會議主持人決定」呢？決定方法各有其優缺點。

形成決議

種類	與會成員的接受度	討論所需時間
1 全體一致通過	◎ 大家都贊成！	× 長（依個案需求，有時候會無法結束）
2 多數決	× 少數派的接受度顯著較低	◎ 短（幾乎是一瞬間）
3 由會議主持人決定（完全委託）	△ 相當微妙……（依會議主持人的決定方法、信賴度而定）	○ 短
抽籤或是猜拳	禁止使用	

1. 全體一致通過

取得全體與會成員同意，是最古老的決定方法。大家對結論的接受度雖然很高，但是，另一方面要能夠達到讓所有人一致通過的狀態，需要耗費不少時間。因爲在讓所有人的意見達到一致之前當然還必須經過「那個不行」、「這個也不行」的討論過程。

全體一致通過是不可能的，如果眞的能夠達到或許可以說是奇蹟吧！

甚至可能還會出現類似先有蛋還是先有雞等難以評斷優劣的狀況。

上述6個「職場問題」，每一個都是「問題」。

但是，光是要從哪一個「問題」開始著手討論就有難度，各位認爲所有與會成員的意見都會一致嗎？

除非其中有人懂得看臉色、願意妥協，否則請有心理準備「單純地全體一致通過」幾乎是不可能的事。

也就是說，全體一致通過這種決定方法，在實際的意義上因爲無法眞正達到全體一致通過的狀態，因此可以說是一種不甚完美的決定方法。

2. 多數決

多數決只是舉手投票而已，因此優點是可以在超短時間完成。然而，卻會讓少數人有「被排擠感」，**會議中最嚴重的一件事就是「與會成員的接受度」變低**。

事實上，採多數決的方式是特意衍生出、排擠出少數派的一種決定方法。

「你的意見只是少數意見，撤下吧！」因而降低少數派參與的動機，並且會有讓與會成員突然喪失幹勁的風險。

這樣一來，往往會與多數派之間產生不睦，而出現一種「既然是由多數派決定，那就讓多數派去做就好啦！你們自己好好負起責任喔！」的心態。

用「多數決」作爲決定方法其實並不太完美。

3. 由會議思路導引師（會議主持人）決定（完全委託）

由會議思路導引師決定的話，可以縮短討論所需時間，因此具有可以立即決定的優點。

然而，如果是由經驗豐富且衆人可信賴的會議主持人決定時，則會有相當程度的接受度，相反的如果是由一言堂型的會議主持人專制決定時，只會降低與會成員的與會動機。這是一種會受到會議主持人本身資質影響很大的決定方法。也就是說，1、2、3都是「不太完美」的決定方法。

那麼，該如何是好呢？

本人過去曾任職於一般企業，從過去參與多場會議的經驗中，彙整出一種「全體一致通過」╳「由會議主持人決定（完全委託）」的複合式決定方法。

■ 全體一致通過╳由會議主持人決定

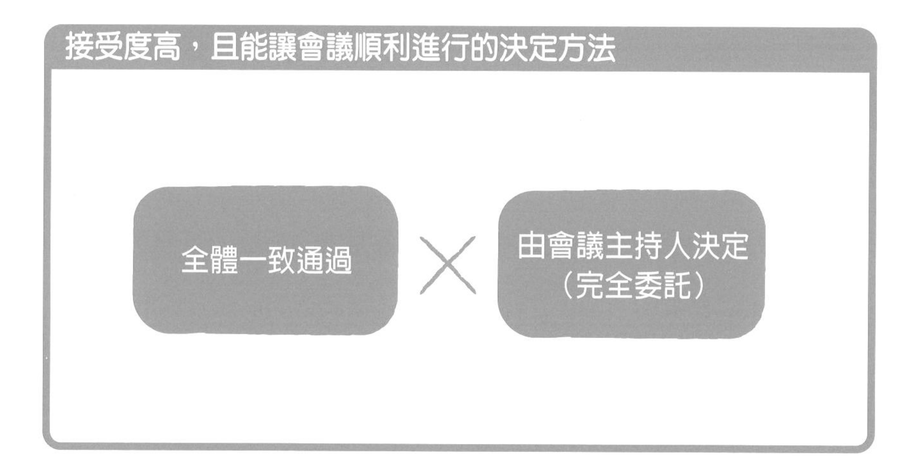

執行規則如下。

「執行規則」

- 分配好時間，目標是要在時間內達到全體一致通過
- 會議主持人要盡可能地在時間內傾聽與會成員的意見（讓所有人輪流多次發表意見）
- 到了結束時間，如果還無法全體一致通過時，由會議主持人決定
- 會議開始前，將此規則告訴與會成員，並取得大家同意

實施這種方法的話，與會成員就會有多次可以陳述個人意見的機會，因此會有一種「大家都會好好聆聽我的意見」的安心感，所以就會對會議結論有一定的接受度。

在這樣的狀態下，我認爲**最能夠順利達成共識的方法就是這種「全體一致通過」╳「由會議主持人決定（完全委託）」的複合式決定方法**。

接下來就讓我們來檢視一下進行「全體一致通過」╳「完全委託」時的程序。

1、投票

首先，檢視已找出的問題課題，並且從中挑選出 2 個想要解決的課題。

⬇

2、詢問選擇的理由

依序詢問與會成員：「選擇那 2 個問題的理由是什麼？」再請大家依序發表聽過所有人意見後的感受。在不偏頗任何發言者的狀態下，詢問全體與會成員。

⬇

3、讓大家互相討論

為了繼續收斂成 1 個課題，所以要讓大家一起討論。

依討論的內容而定，大約 7 ～ 8 分鐘的時間就很足夠。會議思路導引師必須考量的是與會成員是否都能夠實際感受到「自己有在參與討論」。

例如，觀察大家的對話情形後，請試著和某些與會成員說：「都沒看到你發言呢！」之類的話，並且適當地觀察與會成員狀態。

重點是「目標要在時間內讓全體一致通過」。在這個很短時間內，如果與會成員覺得「可以提出自己的意見」，當下（對於會議結果）的接受度其實就已經提升了。

⬇

4、最終由會議主持人決定

先向大家表達謝意：「感謝各位提出了許多寶貴的意見」，然後由會議主持人自己選擇其中 1 個被提出來的問題，並且公開告訴所有人。

因為已經事先傳達過執行規則，在此再次提醒大家將會由會議主持人來決定：「如果大家互相討論過後還是沒有辦法決定的話，就會由我來決定。」接著就可以向大家表示：「職場的問題雖然歸納出有 6 項，我想決定採用其中『1. 溝通不足』這個問題」，藉由這種方式將問題收斂為 1 個問題。

因為與會成員都已經充分發表自己的意見，所以就算會議主持人聚焦於其中 1 個意見，其實也不算是會議主持人個人的意見，所以不太會有消化不良的問題。

雖然有了前述的「決定方法」，應該都可以理解。但是，會議中的每個人「能否接受」是非常重要的事情。

在此要特別強調的部分是「接受度」。人們的接受度並沒有一個可以套用的公式。

自己的意見是否有被採納（有被聽到）>正確性

與其在意事情的正確與否，人們更重視的是「自己的意見是否有被採納、有沒有被聽到」。

有時候是否會覺得「結果或許是正確的，但是我不想接受」呢？回想一下在這種時候的心理狀態，是否是因爲強烈感受到沒有人聆聽自己的意見呢？

相反的，如果知道大家都有聽到自己的意見，就算最後採用的是與自己不同的意見，在某種程度下又能否接受呢？

人們之所以能夠接受決定的結果，重點會放在該決定是否有納入自己的意見？大家是否有聽到自己的意見？與決定結果的「正確」或「不正確」等無關。

因此，**會議思路導引師請務必記得「為了避免出現偏頗的言論，必須讓所有與會成員多多發言」以提高整體的接受度**。

03 決定事項的範疇大小

在達成共識方面，從方向性到具體的作業內容或是執行方法爲止，有很多事情必須要決定，這時必須考慮的是「範疇大小」。

有時候是否會有一種「爲什麼需要決定到這麼細的程度呢？」或是「竟然用這麼粗糙濫造的決定方法，眞不知道之後該怎麼辦才好……」等的感覺呢？

會議過程中需要決定要到怎樣的範疇才恰當呢？

本人思考決定事項的範疇大小基準是「與會成員於會議結束後，進行相關作業時不會感到困擾的程度」。

最好能夠營造出一種讓各個與會成員回到工作崗位時，都能夠理解工作的方向、明確掌握住自己該做些什麼比較恰當的狀態。如果與會成員中有新進同仁，就必須決定到更詳細的程度；如果是有較多資深人員參與的會議，則只需要決定大方向。

配合與會成員的程度，一邊檢視會議要決定的範疇大小，一邊彈性地做出決定也OK。如果能夠有意識地注意到達成共識的範疇大小，即可提高會議的生產力。

比方說，由業務負責人邀請主管或是同仁一起召開「對顧客的提案資料更新會議」。應設定的會議目的是「製作出能讓顧客產生共鳴的提案書」，目標則是「更新提案書」。

對顧客的提案資料更新會議

主辦人：業務負責人

與會者：業務負責人的主管或是同仁們

目　　的：製作出能讓顧客產生共鳴的提案書

目　　標：修改業務負責人之前製作的提案書

上述這個案例，必須依照主辦會議的業務負責人本身經驗、能力，來考量會議進行的方式與範疇大小。

如果是經驗豐富的業務負責人，可以從主管或是同仁們所提出的在意之處或是改善重點進行討論，如果能夠確認到「要大量添加可以提升說服力的資料」、「要更視覺化」這種大方向的程度，即可結束會議。之後再自行進行修正。

如果是經驗較爲資淺的新手，也可以逐頁仔細確認、討論表現方法，根據狀況有時候或許需要一字一句地進行修正。這種情形下，爲了之後能夠根據提出的部分執行「作業」，就必須決定到細部。

上述案例中的會議思路導引師本身即是一名業務同仁，決定範疇大小是會議思路導引師一個相當重要的能力，必須符合負責人的程度並且在會後不會讓人覺得執行作業有所困難。

04 基準的重要性

在達成共識方面，還有一件很重要的事。

那就是「基準」。

人們在決定事物時，一定都會依循一些基準。

然而，每個人進行決策時的基準點會有所不同。往往會成爲與他人意見分歧的原因。

並不是討論後的意見出現分歧，而是因爲大家本來就參照著不同基準做事，因而容易產生意見分歧。

反過來說，如果將該基準可視化，就可以尋找彼此的共通點，進一步接近達成共識的目標。

所謂「基準」是什麼呢？請見以下範例。

比方說，某家公司有5名員工要舉辦2天1夜的員工旅行。

費用方面，由公司負擔每人3萬日幣，超出的部分需自行負擔。

5名員工可以自行討論旅遊的目的地。

公司地點在東京，各個成員分別居住於東京、神奈川、埼玉。

大家立刻召開第一次的企劃會議，會議主題是「討論旅遊目的地」。於是，跟著會議思路導引師的腳步，大家進行了以下的對話。

議題　每個人請提出自己最想去的旅遊目的地！

箱根

A 小姐

草津

B 小姐

北海道

C 先生

迪士尼樂園

D 先生

銀座

每個人的意見果然都不同呢！如果用這種方式繼續討論「旅遊目的地」，很可能會變成一團混戰，最後只能由聲音大的意見決定。

如何在全體與會成員都接受的狀態下決定呢？

答案很簡單，就是先詢問大家爲什麼想要去那個地點，並且詢問「選擇的理由」。

「選擇的理由」，也就是**每個人的「基準」都不同。因此，必須讓不同的基準可視化**。

試著先用以下這種方式詢問大家。

「各位能不能告訴我爲什麼會想要去那個地方呢？選擇那些地點的基準或是理由是什麼呢？」

這樣一來，就會出現類似以下的回答。

我選箱根。因為我想在那邊輕鬆地泡溫泉、吃美食！

A小姐

我選草津。因為我也想輕鬆地泡溫泉，還想要稍微遠離城市、體驗大自然。

B小姐

我選北海道。因為既然難得要去旅行，我想要搭飛機去一個可以遠離東京的地方，吃吃美食！

C先生

我選迪士尼樂園。因為我想選擇一個從東京過去的交通時間不會太長、可以快速抵達的地方。想要脫離日常環境。

D先生

我選銀座。因為我想吃高級壽司！

E先生

從A小姐到E先生都提出了各式各樣的基準或理由。但是，請各位再仔細看一下。

雖然目的地各有不同，但是可以接收到的相同理由有：「想要輕鬆一下」、「想吃美食」等。

這裡隱藏了達成共識的關鍵。

那麼，再試著整理「基準」與「目的地」吧！

這時候「決議矩陣」就是非常有幫助的整理工具。

「決議矩陣」是當有多個選項需要進行評估、有議題或是想法需要選擇時的一種整理手法。

在有多個選項需要決定時，不能夠仰賴「定性資訊」或是僅依靠主觀判斷，必須善用一些可以進行定量、客觀評估的工具。

使用這些工具時，必須要先整理A小姐～E先生所提出的「基準」。

將類似的條件統合、整理後，主要有以下5項基準。

- 想輕鬆一下（泡個溫泉）
- 想吃美食
- 想體驗大自然
- 想要脫離日常
- 不希望交通時間太長

試著根據這些基準製作決議矩陣。

基準當中有些事情較爲重要有些較輕微，因此會有輕重緩急之分。這時必須根據重要程度給予分數、衡量權重。權重的倍率可於詢問與會成員的意見後，由會議思路導引師決定。

在這個員工旅遊的候選地點案例中，雖然不太容易進行評分，但是「箱根」與「北海道」的分數還是會比較高。

因爲，「箱根」這個選項包含了想輕鬆一下、想吃美食、想體驗大自然、想要脫離日常、不希望交通時間太長等所有基準，看起來相當平衡。相對於此，「北海道」則是強烈符合部分基準。

重點是，我們要先將所有候選地點「進行大致的評估、可視化」。

比起無法在基準可視化的狀態下進行討論，**給出分數使其可視化，更能夠接近達成共識的狀態**。

不僅可以用給分的方式來決定，也可以從可視化的決議矩陣開始，針對地點進行討論，例如：要選擇去箱根還是北海道呢？就可以找出一種讓

讓大家的意見可視化

基準	候選地點				
	A小姐	B小姐	C先生	D先生	E先生
	箱根	草津	北海道	迪士尼樂園	銀座
想輕鬆一下（泡個溫泉）	◎	◎	○	×	×
想吃美食	○	△	◎	○	◎
想體驗大自然	○	○	◎	×	×
想要脫離日常	○	○	◎	◎	×
不希望交通時間太長	○	△	×	◎	◎
總分	11	9	11	8	6

給分方式：◎3分　○2分　△1分　×0分

全體與會成員都能夠接受的決定方式。

這樣一來，可以讓基準更爲明確，每個人都可以藉此理解其他人有怎樣的期望，又有哪些部分與自己的意見一致。

接著，最重要的是要進行討論，務必在確實聆聽每個人的意見後，再由會議主持人進行最後的決議。

05 別指望達到百分百的共識！

最後，想要提醒大家一件很重要的事情。

那就是「別指望達到百分百的共識！」。

開會通常就是為了討論一些沒有正確答案的事情。

藉由決定方法、範疇大小、基準，達成共識後，達到大多數人都可以接受的狀態而已，事實上的確無法達到讓所有人都由衷接受的狀態。A與B選項之中，有些人無論如何都想要選A，如果最後大家決定選B，恐怕會因為之前被詢問選A的理由時有一種被認同感，心中還是堅持認為「選A比較好啊」。

因為追求眞理並沒有極限，所以重點不是要「達到百分百的共識」，用一種「70分左右。差不多就好」的心態面對即可。目標70分是一個勉強可以接受的底線，「就算有一些無法接受的部分，但是從整體的角度來看，通常也不太會有所抱怨」。如果與會成員嘴巴上說：「太好了」，但是在表情上卻顯露出不悅的樣子，就可以判定接受度是在70分以下「並不算是願意接受」。

如果發現當下有多位70分以下的與會成員時，即可宣布「今天的會議可能無法達到我們想要的目標呢」、「下次會議開始前，我們再來討論一下今天談的這個部分」，和大家約定好將會在下次會議時重新討論。

不論如何，都不要把達成共識的目標設在100分。**達到70分左右即可**。請意識到這一點。然後，既然決定了，就要讓全體與會成員100％認同該項工作！

我認為只要堅持這個立場即可。

第 7 章

營造會議氣氛以及會議思路導引師的心理建設

01 100%信任且接納與會成員的想法，思路導引師的心理建設很重要

在會議思路導引師的心理建設方面，最重要的是「中立」。

100%信任、接納、尊重與會成員是最基本的。當與會成員沒有感受到自己被會議思路導引師所接納，就無法講出眞心話。

這一點看似簡單，實則非常困難。身而爲人，一定會覺得有些人看起來特別順眼，有些則否。

因爲每個人的價值觀都不同。

所以，請會議思路導引師展現出中立的態度。

開會的目的本來就是爲了讓擁有各種不同經驗、價值觀的人互相分享智慧，藉由這種相輔相成的效果，引導出更好的解決方案等。

不能忘卻最基本的要求就是要保持中立性、100%接納與會成員的意見，這是創造優質會議的必要條件之一。

此外，「接納」與「同意（同感）」不同。

所謂「接納」是指就算與自己的想法不同，也能夠理解那是對方的想法：「原來你是這樣想的啊！」

意思是自己不一定要同意。然而，不僅是想法，也要接納發言的「當事人」本身。

02 最重要的是與會成員的接受度

最需要重視的部分是「與會成員的接受度」。

會議主持人雖然可以自己帶回去做決定，但是在會議過程中和與會成員一起決定更能夠提高所有人的接受度。

「接受度的高、低」會對與會成員的工作績效產生相當大的影響，請妥善處理這個部分。

比方說，可以利用以下這種方式決定工作分配。

例如：有5位與會成員，可以將任務劃分成約10項工作

1. 因為總共有10項工作，所以1人分2項吧！
2. 自己可以選擇自己喜歡的工作喔！
3. 如果選擇有重疊，大家可以協調一下喔！

笑容滿面地向與會成員提出上述3個選項，並且依序詢問每個人的期望。如果想要選擇的工作與其他人重疊，也可以互相討論後再予以協調。

藉由這種方法決定工作分配，幾乎都可以在5分鐘左右的極短時間內決定，而且所有與會成員的接受度都會處於很高的狀態。爲什麼這樣就可以在短時間內，而且是在接受度高的狀態下完成決定呢？

那是因爲**每個人可以選擇自己想要執行的工作**。這一點非常重要，被主管指派工作時，總是會有一種被強迫的感覺，但是如果「是自己想做」，就會自動自發性地在工作場合中努力工作。當然也會在工作績效方面產生好的影響。

研究結果顯示，感覺自己被強迫工作與自發性地執行工作，兩者工作績效的差距可達4倍之多。

我會在一些訓練課程中詢問學員：「你們認爲被強迫工作與自發性執行工作，績效會有多少落差呢？」答案有2倍、4倍、10倍等3個選項，目前爲止的意見相當紛歧，約有2成的人回答2倍、有4成的人回答4倍、有4成的人回答10倍。

選擇「10倍」的人應該是認爲與自發性執行工作相比，績效會有相當大的落差吧！或許覺得自己一旦被強迫，就會有一種了無生趣的感覺吧！（我個人也認爲是10倍）。

自己可以決定任務、自發性地執行。身而爲人，能夠自己決定要做的事情，這件事情非常重要，亦被稱作「自我決定論（Self-determination theory）」。

對於自己決定的事情，責任感通常會相當強烈。

正因為如此，希望會議主持人能夠在會議中，讓與會成員自行選擇想要執行的工作。

由於工作是自己選擇的，就會有相當高的機率是在接受度較高的狀態下做出決定。

會議主持人雖然也有一些「適材適所」的決定方法，但是會議主持人並無法全面掌握同仁的喜好、擅長的事物、當下的工作負荷情形、想要挑戰的事物等。我想恐怕很多人也只能知道同事表面的狀態吧！

最能體會個中滋味的還是當事人。**由當事人選擇自己想要做的工作是最為理想的「適材適所」狀態**。許多人並不是想要輕鬆、想要偷懶，而是想要在自己眞正想做的事物上累積各種經驗。在這樣的意義下，最好是能夠自己進行「適材適所」的選擇。

站在會議主持人的立場，通常會對同仁有所期望：「○○同仁，我希望你可以執行這個部分。」這時候也可以明白地告知對方，未來還會進行相關的調整。這部分和100％信任、接納與會成員的概念是相通的。

03 營造出能讓與會成員感到安心安全的場所

會議思路導引師的工作之一，就是要「營造出一個可以讓大家熱情提供意見的氣氛」。要讓與會成員可以安心發言，必須提供一個「安心安全的場所」。

Google公司的研發團隊曾發表過一個調查結果：「欲提升團隊績效，必須要先提高心理層面的安全感。」

從2012年起歷經約4年的大規模勞動改革專案——「亞里斯多德計畫」（Project Aristotle）發現這是「團隊成功的5大關鍵」之一。

「提高心理層面的安全感」或許是其中最困難的事情。**在會議進行中，會議思路導引師所扮演的角色是要展現出一個讓大家在心理上覺得安全的環境。**

具體作法方面，說明如下。

只需要有意識地立刻執行以下每一件事。就讓我們來實踐吧！

■ 營造出能讓人感到安心安全的場所

不停歇的笑容

會議進行中要一直保持笑容。請有意識地保持笑容。

剛開始時逼自己特意保持笑容也沒關係。我曾任職於財務部好幾年，當時最重要的就是數字的正確性，因此根深蒂固認爲沒有笑容之類的也沒關係，因此在擔任會議思路導引師初期，「光是要笑」這件事情就讓我感到非常痛苦。不過，**即使是特意保持笑容，一直持續下去就會成為一種習慣**，進而逐漸展現「眞誠」的笑容。因爲目的是要「把工作做好」，因此其實並沒有可以推託說自己不擅於露出笑容之類的機會。

站著主持會議

雖然沒有規定一定要「站著」才行，但是因爲本人在會議中都會使用白板或是白報紙等進行資訊整理，所以站著比較容易活動。還需要詢問大家的意見，「A先生／小姐，你覺得如何呢？」、「B先生／小姐？」、「C先生／小姐？」，然後立刻寫在白板上，因此站著主持會比較方便。

此外，站著的人必然會受到大家的矚目，因此好處是比較容易進行相關作業。

不要雙臂抱胸

經常會在公司裡看到那種雙臂抱胸的人吧！雙臂抱胸是一種自我防衛、防禦的情緒表現。也是一種拒絕對方的動作，因爲經常會給人壓迫感，所以應該有意識地避免這樣的動作。如果發現自己想要雙臂抱胸，一定要在做出該動作前制止自己。

總之，就是要在快要出現雙臂抱胸的動作之前，制止自己。

聲調要比平時來得高

聲音低沉、平靜地在旁聆聽，會稍微給人一種恐怖的形象。**因此，進行會議時請有意識地「提高情緒」。**

此外，特別是在還不習慣時，如果用平常的方式講話，會讓人覺得講話速度有點太快。**進行簡報等和他人說話時，通常會被提醒：「要用比自己想像中更慢的速度來說話，會比較恰當」**，事實上也的確如此。

不要否定與自己相左的意見

即使覺得對方和自己的意見明顯不同，也不能予以否定。

曾經被問到：「如果覺得那樣的意見怎樣都不太能接受時，該如何是好呢？」我的答案非常簡單。

就回說：「原來也有這樣的意見呢！」即可。這樣一來，雖然與自己的意見有所不同，但是也沒有批評對方。

或許有些人會覺得要僞裝成這樣有點困難，但是我個人已經決定不論是否在會議進行中，人生中的任何場合「都不能夠否定他人」。無法接受某位主管所說的話，所以直接給予否定固然簡單，但是如果是我，我會想辦法用正面的態度去解讀：「眞是有趣的意見呢！」等。不論是怎樣的意見或是想法，都可以從好／壞、正確／錯誤等任何面向去解釋，因此我們可以採用正面的態度去面對。

身爲一名會議思路導引師，我認爲從「使會議順利進行」的觀點來看，不要去否定任何人、盡量使用正面的言語，會更有效果。

給予回應

針對與會成員所提出的意見，**先給予「很不錯呢！很棒唷！」的回應**，對任何人提出的意見都要用力地點頭等有意識地「給予回應」。在1小時的會議中，我恐怕會說出約100次的「很不錯呢」。與會成員因此認爲自己「有得到回應」，並且實際感受到「這是個令人安心的場所」。

04 100%信任、接納、尊重成員

與會成員當中，一定會有人和會議思路導引師志同道合，一定也會有些人覺得話不投機。此外，根據會議主題，有時候我們也會不自覺地想要支持某些人的論點：「如果是我的話，絕對會投給A計畫。」

然而，會議思路導引師在面對會議時必須站在一個中立的立場。

開會的終極目的是「把工作做好」。「把工作做好」的基礎取決於會議，因此不能夠讓自己陷入私交好壞或是個人喜好的拉扯之中。

爲了「把工作做好」，必須讓每一位與會成員都用一種「安心」、「安全」的心情來開會，藉此收集大量的意見。

因此，會議思路導引師本身**必須呈現出一種100%信任、接納、尊重與會成員的態度**。

具體來說，就是要實踐先前我們所提及的內容，例如：給予「很不錯呢！」的反應、不否定對方、微笑面對等。

這些都是溝通的技巧，如果能夠貫徹這些技巧，就能夠理解每個人本身都會產生多樣性的意見，而每個意見都具有非常寶貴的價值，就會懂得要尊重對方的意見。

05 「氣氛營造」包含環境設計

也要稍微考量一下進行會議時的環境設計。

根據過去的經驗，如果有好幾間會議室可供選擇，建議可以選擇有窗戶且稍微會讓人覺得「好像有點擠」的明亮會議室。稍微有點擠的會議室能夠幫助每位與會成員的能量集中、不會發散，是比較適當的選擇。

在環境設計方面，有島型、課堂型、ㄇ字型等各種型式，**基本上我會比較喜歡採用桌與桌之間最為靠近的島型**，但是近來爲了因應COVID-19疫情，必須保持社交距離，座位與座位之間仍必須空出一定的間隔距離。

此外，也要考量會議的種類，如果今天舉辦的是「發現、解決問題會議」，可以讓與會成員自由取用餅乾、飲料。也可以播放一些背景音樂，讓大家處於一個放鬆的環境。

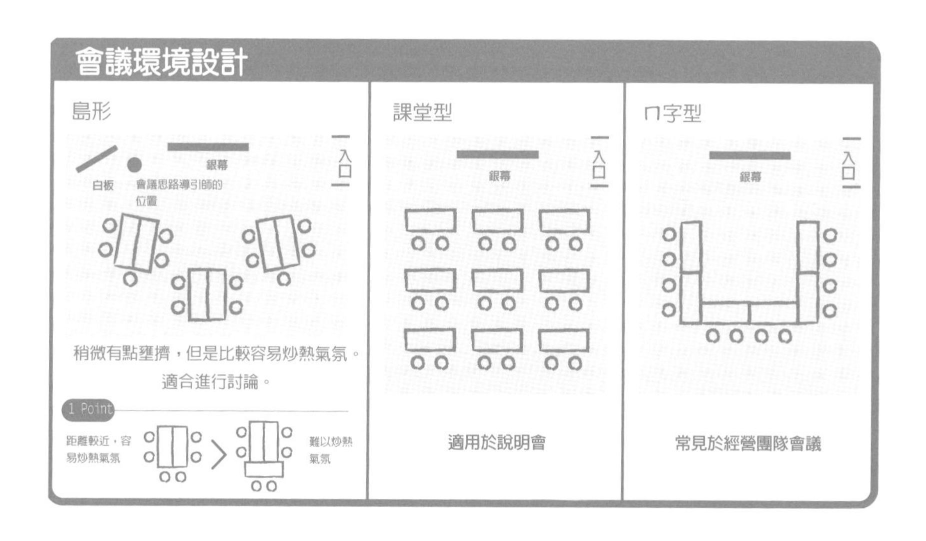

06 獲得回饋是邁向成長的捷徑

在會議的最後稍微留個5分鐘，讓與會成員們對會議思路導引師這個角色給予一點回饋。

這些回饋會成為一種激勵，使人加速成長！

回饋確認清單請參照下表。

該表不僅可以用於回饋，也可以作為會議召開前的準備確認清單，敬請多加利用。

確認清單

會議設計	事前準備	目的明確	會議目標明確
		議程	有製作議程
	會議結束後	會議記錄	有整理照片、整理必要決定事項
會議進行	開場	前次會議回顧	有簡單回顧前次會議內容，提高與會成員的意識
		今日目標	能夠讓與會成員掌握會議目標
	結尾	下次會議預告	有簡單描述下一次的會議進行方式
		今日感想	有詢問與會的每一位人員，對今日會議的感想
肢體表現	肢體表現	肢體手勢幅度「大」	有盡可能用全身的肢體去表現
		經常動一動	經常看著發言者的臉並且跟著移動
		站姿	令人意外的重要表現。站在距離白板最近的位置吧！
		聲音宏亮	能用清楚且宏亮的聲音（不需要弄到喉嚨疼痛）
	讓人有印象的事	詞彙簡單易懂	會用小學生也能夠理解的詞彙 & 將那些讓與會成員難以理解的詞彙轉為簡單的詞彙
		經驗談分享	能夠清楚易懂地分享過去的經驗
	專注進行	確認討論狀況	能夠經常根據議程確認當下談論的內容，並且讓大家意識到這件事情
		不會限制意見	信任與會成員提出的意見
	節奏感		節奏感相當重要！不間斷地持續進行吧！
	時間管理		遵守時間是一種信念

營造出安心、安全的場所	接納	不否定	不否定他人意見
		肯定、分享	總之，先接納！這是溝通的基礎！
	傳達感謝	稱讚	找出優點，然後給予回饋
		拍手	只要拍拍手即可！一開始可能會覺得有點害羞，但要嘗試去做並使其變成一種習慣
		表示感謝	確實用言語表達感謝之意
	正面思考	積極	會議思路導引師在任何時間點都要正面思考
		營造氣氛	致力於營造出安心安全的場所（非常重要）
收集資訊	引導意見	詢問與會成員的想法	徹底執行
		傾聽	帶著關心，傾聽對方所關心的事物吧！
資訊整理 & 可視化	KJ 法	隨性使用 KJ 法	總之，就是開始試用看看！
		舉例	準備 2 ～ 3 個問題答案，並且給予一些提示
		不做限制	為了收集到更多的想法，向大家吆喝「什麼意見都可以提出來唷！」
		讀出所提的意見	意外地，這一點相當重要！
		快速分類	這是習慣與否的問題，試著多做幾次吧！
	可視化 & 具體化	可視化	總之，什麼意見都先試著寫下來吧！
		具體化	對於那些突然乍現的想法，具體來說是什麼呢？提出問題並且讓大家都能夠理解
		白板	總之，試著寫下來！
決定方法	重點是要讓所有人都可以接受		目標是要讓與會成員擁有超過 60 分的接受度

各位可以將這份確認清單下載下來。詳細內容請參照本書P.204。

07 在會議尾聲，分享感想（回顧反思）

在會議結束之前，詢問全體與會成員的感想：「今天的會議，各位覺得如何呢？」

「能不能接受今天的會議結論呢？」這種問法有些人可能無法作答，**用「今天的會議如何呢？請說說你的感想」這種詢問方式通常比較容易引導出真正的心聲。**

感想就是一種「我是這麼認爲的」單純的主觀想法，因此不論詢問的對象是誰，只要回應「你是這麼想的呀！」或許對方就會比較容易說出口。

稍微有意識地運用一些說話技巧，就能夠改變與會成員講出「真正心聲」的比例。

無法接受的人，雖然嘴巴上說：「可以接受」，但是從語調就可以聽得出來他們其實「無法接受」，觀察到對方難以啓齒「嗯……嗯」說不出話的樣子，就知道「啊，他無法接受呢」。

因此，我會一邊詢問與會成員「感想」，再從每個人回答的表情、態度或是聲音語調等，確認他們是否眞的可以接受。

column

信賴成員、彙整意見

我以前無法完全信賴與會成員，也不太敢託付他們任何事情。然而，在某次因緣際會下，我的想法有了重大的改變。從此之後，**我就算提出自己的意見，也不會勉強對方附和我的意見，在決定任何事物時都會盡可能地尊重與會成員的意見**。

那次的經驗是這樣的……

某次會議中，我們要進行決定時，有A方案與B方案兩個選項，我認爲應該要選A。因爲A方案的疑慮比較少，甚至已經可以提出一定程度的成果。然而，除了我以外，大多數與會成員都主張要選擇B方案。

根據經驗，我知道選擇B方案後會造成許多問題。因此，我就自己決定：「那就選A方案吧！」然而，決定以A方案執行後，某位成員卻對我說：「因爲是園部先生決定的，之後就麻煩園部先生了。」在我強硬地採用我的意見後發現大家只是忿忿不平地以我爲中心執行業務。

此後不久，又發生了類似的事情。當時我想起會議思路導引師的心理建設中有一條「保持中立性、100%接納與尊重與會成員」。「即使決議是不合理的也沒關係。先依照最多與會成員的意見，選擇執行B方案吧！」試著打開心胸後，B方案果然如預期出現了很多問題。我心裡想著：「果然，會變成這樣……」原本想要進行一些調整，沒想到與會成員們竟然與先前採取了完全不同的行動。他們開始自力救濟地處理，也沒有把責任轉嫁給主管，而是爲了處理善後而努力奔波。

雖然在這個事件中跌了一跤，但最後也有確實完成任務，達成遠超出預期的成果。在那個瞬間我可是眞正體驗到「信賴，原來是這麼一回事啊！」

有了這樣的經驗，我深刻地反省「爲什麼要堅持己見呢？」以該經驗爲借鏡，我決定要信賴每位成員，並且開始尊重同仁的意見。

從此之後，增加了許多願意積極提出自己想法的成員，團隊的狀況也逐漸獲得改善。

貫徹中立立場，信賴、託付同仁。很多時候即使心裡都知道應該要這樣做，卻仍無法執行。請試著鼓起勇氣去信賴並且將任務託付給同仁。或許會有令人驚喜的結果呢！

第 8 章

線上會議的導引技巧

01 線上會議的訣竅是「重現實體會議室場景」！

近期受到COVID-19疫情的影響，線上會議的使用頻率直線增加。想必未來也會增加更多以線上方式召開的會議。

本人爲了預防感染擴大而開始自主健康管理，幾乎所有的工作都必須延期，因此也與數名甚至近100名人員進行過各種不同規模的線上會議或是訓練課程。

本章將根據過去累積培養出的實體會議技巧，介紹線上會議工具的操作說明，以及能夠在線上會議中與實體會議產生相同生產力的方法，請各位讀者務必多加利用。

從活躍於第一線的公司員工、授課講師、教練等人員中找出30名積極運用線上會議的人們進行訪談，題目是「令人感到困擾的線上會議課題」，結果浮現出以下幾個課題。

□不知如何使用線上會議工具
□網路環境不佳
□使用環境不良（噪音等）
□有些人不習慣線上會議工具的操作方法（無法使用）
□難以掌握與會成員狀態（移動中、居家等無法專心的環境）
□對於開鏡頭有所抗拒（會拍攝到臉部或是背景）
□聲音收訊不良（中斷、有雜音）
□難以掌握反應（reaction）
□講話的節奏不佳（說話的時間點、同時講話）

□有點難以進行溝通
□難以進行可視化
□無法順利分享畫面
□行政庶務人員的負擔較重
□一直採取相同姿勢，容易疲勞
□原本就對線上會議有所抗拒

之所以會發生上述這些問題，當然都是因爲不在實體會議室。實體會議的好處是可以安靜聆聽、掌握與會成員表情等反應，甚至可以方便將談話內容透過白板等方式以可視化呈現，所以線上會議也必須把這些都準備妥當才行。

也就是說，想讓線上會議順利進行並沒有什麼特別的訣竅，就只有「如何重現實體會議室場景」。

02 進行線上會議導引時的4大注意事項

身為一名主持會議的會議思路導引師，要進行線上會議導引時，必須考量的事情會超越實體會議，重點整理如下。

1 主辦者／會議思路導引師對於通訊環境已有萬全準備（視訊鏡頭、麥克風）
2 開始前5分鐘登入，留一些預備時間等待與會成員上線
3 會議前或是會議開始時，應仔細確認與會成員所處的環境／操作情形
4 制訂線上會議的規則並且公告周知

面對線上會議，會議思路導引師勢必會增加比實體會議更多課題。

再者，操作線上會議工具也會對會議思路導引師造成相當大的負擔。

實際著手去做過一輪就會了解其中甘苦，需要習慣一邊操作工具，一邊導引大家的狀態。人數較多時，往往更加辛苦。

實體會議中通常只有會議思路導引師和與會成員，但是進行線上會議時，如果需要進行稍微複雜一點的導引時，另外增加一名專門操作線上會議工具的人，也是一種解決方法。

即使是熟悉導引方法的人，或許也會覺得要在線上會議進行導引有相當的難度，但是仍請試著有自信地運用在實體會議中所學的技巧。在實體會議中所學的技巧以及經驗，一定也可以活用於線上會議。

在此，就以上述這4大項為基礎進行相關說明。

03 選擇適合自己的線上會議工具

剛開始舉辦線上會議時，恐怕還不熟悉市面上有哪些線上會議工具吧！爲了方便正在考慮是否導入線上會議的讀者，在此介紹2020年9月的時間點下，5種較具代表性的線上會議工具。

Zoom

透過任何裝置皆可進行簡易的視訊會議或是通訊，特色是使用起來非常便利，是一種不會受限於場所或是裝置，可以直接進入的視訊會議服務。

受邀的與會成員只需點擊會議召集人所傳送的邀請碼（URL）即可使用。與其他需要先取得帳號才能使用的線上會議工具不同，Zoom的使用門檻較低，所以使用者也較多。

然而，目前最主要的問題是被認爲在安全性方面較爲脆弱，因此推行的困難點在於有些日本企業其實禁止使用Zoom。

具有可以將多人分組等功能，通常用於座談會、課程，是非常推薦個人使用者運用的一種線上會議工具。

Microsoft Teams

爲Microsoft公司推出的線上會議工具。**在安全方面的可信賴度較高，適用於法人單位內或專案的定期會議**，或是企業之間有固定成員的定期會議。優點之一是只需要擁有一個Microsoft的帳號，即可輕鬆使用。

Skype

在線上會議應用程式方面的知名度相當高，有如老店般的存在，也是由Microsoft提供的網路電話服務（社群網路服務；Social Networking Service）。

當網路環境較差，不論上線的人數多寡，音質、畫質狀況都會因此變差，因此不適用於通訊容易中斷的環境。Skype外部網路塞車時，也會對Skype造成影響，因此使用時必須考量網路環境負荷。

Meet Now

這是Microsoft提供的Skype新功能，使用時僅需開啓瀏覽器，是一種不需要申請帳號的視訊會議服務。Meet Now的**優點是**可以提供Skype的功能，卻不需要Skype帳號或是安裝任何軟體，**只需要開啓瀏覽器**。對於初次與會的使用者而言門檻極低，可用於單次會面或是會議。

Google Meet

由Google提供的視訊通話服務。可作爲正式商務視訊會議工具，與團隊成員進行溝通。

Google Meet與Google保護顧客資訊以及個人隱私的機制設計相同，採用具安全性的基礎架構、安全機制、網際網路協同作業。除了進行Meet視訊會議通訊時必須輸入密碼外，還預設能夠有效防堵各種不良行爲的機制，讓大家可以在安全的狀態下進行會議。

除了本次所介紹的線上會議工具，還有許多已開發出來或是可供公開使用的線上會議工具，在討論是否導入該系統前，最好能夠先依以下重點（基準）進行考量與比較。

- **導入的容易度（下載的容易度）**
- **與會成員容易參與的程度**
- **通訊環境的負荷情形**
- **安全性的嚴格程度**
- **功能**
- **價格**

可以先使用這些線上會議工具的免費試用版。免費試用版雖然會有使用人數、時間等限制，但是基本功能已經足夠。我認爲可以先使用免費試用版，再進一步討論是否購買正式付費版本。

04 讓視訊畫面看起來舒適！臉部影像、服裝儀容、背景

進行線上會議時，通常會有一個疑問：「視訊會議中應該要ON（顯示）還是OFF（關閉）自己的鏡頭呢？」

基本上，我認爲個人的鏡頭應該要「ON」才對，然而，有不少人會選擇關閉鏡頭。因此難以從表情上讀取各種資訊，明顯成爲線上開會的阻礙。

想要關閉鏡頭畫面的理由通常是「臉部影像不佳」、「在意服裝儀容」、「討厭背景一起入鏡」等。

比起在公司，居家等狀態更容易觸碰到個人隱私問題。例如：男性可能沒有刮鬍子、女性沒有化妝、房間沒有整理好……。所以通常會很抗拒讓他人看到這些狀態。

就讓我來傳授各位這些問題的解決方案吧！

■ 解決「臉部影像」問題

1. 墊高鏡頭的角度

通常我們會往上看向筆記型電腦的螢幕鏡頭，因此鏡頭會變成是由下往上拍攝，看起來就會覺得是在強調下顎，所以會與實際看到本人的模樣不太一樣。這時可以試著在筆記型電腦下方堆疊書本或是資料等，讓鏡頭位置改由從上方拍攝。臉部影像就會變得比較好看。

2. 稍微與鏡頭保持距離

從上方拍攝時，如果太靠近鏡頭會變成需要過度「抬頭」，就會跟眞實的樣貌距離更遙遠，並且看起來很明顯地不自然。讓鏡頭稍微距離自己

設置一台性能較好的視訊鏡頭

參考產品：Logitech HD Pro Stream Webcam C922 [black]

遠一些，調整至可拍攝到胸部上方位置，即可給對方一種自然的感覺。

接著，使用性能較好的視訊鏡頭拍起來也會比較好看。品質較好的視訊鏡頭價格約在1萬日幣，建議會議思路導引師等需要頻繁開會的人可以準備一台。

3. 利用環形補光燈補光！

房間內的光線往往比較昏暗，會讓人看起來沒精神。這時可以利用「環形補光燈」來改善光線。只需2,000～3,000日幣即可購得。**打上環形補光燈後，氣色會變得非常好**，非常推薦個人使用。

將環形補光燈放在鏡頭上方，並且稍微保持一點距離。畫面就會非常自然且有眞實感，即可解決一直以來惱人的氣色問題。

準備燈光

參考產品：Neewer LED
環狀補光燈、桌上型
10 吋 USB 環狀燈

■ 解決「服裝儀容」問題

雖然說是居家，但是如果打扮得過於輕鬆，會顯得毫無儀式感，甚至會影響其他與會成員的情緒、降低工作幹勁。所以應該要採取如同參與實體會議時，最基本的服裝儀容。

話雖如此，也不需要勉強穿著得過於浮誇，只要與平常進辦公室差不多的程度即可。

最近也有推出可因應臨時身體不適、沒時間等狀態的自動化妝或是變裝濾鏡的APP應用程式，都是可以多加運用的選項之一。

■ 解決「背景一起入鏡」問題

如果進行線上會議已成爲日常，難免會把居家的一部分納入成爲辦公室的範圍，這時就必須注意到環境清潔整理的問題。

Zoom有一個很方便的虛擬背板功能，可以更換成自己喜歡的背景，輕輕鬆鬆地把背景轉換成一間時尙的房間等，是非常貼心的功能。此外，也可以自行標示「今天我生日！」或是更換成具有個人風格的趣味照片作爲背景。

Teams也配有同樣的功能，估計在不久的將來應該會成爲前述每一款線上會議工具的基本功能。

雖然線上會議難以閒聊，但是藉由這些有趣的背景也能夠增加彼此溝通的機會。

最後，爲了進行生產力較高的線上會議，建議將出席時要開鏡頭露臉訂爲基本規則。

然而，開鏡頭露臉（Video On）也會造成網路頻寬的負載問題，可以視必要切換鏡頭開關。

05 聲音問題 可以用「耳機」或是「靜音功能」解決

聲音聽不清楚、有雜音等是線上會議的重大困擾之一。因為會對會議的生產力造成重大影響，彼此必須能夠聽到清晰的對話聲音才行。當然可以藉由改善網路環境或是營造出一個比較安靜的與會環境，除此之外還有以下幾個解決方法。

■ 使用性能較好的耳機或是麥克風

桌上型電腦的麥克風會因為機型不同，而可能會有較差的性能表現，經常聽不清楚對方的聲音。

進行線上會議可以盡量使用耳機，並且將麥克風靠近嘴邊，只要這樣

備妥麥克風

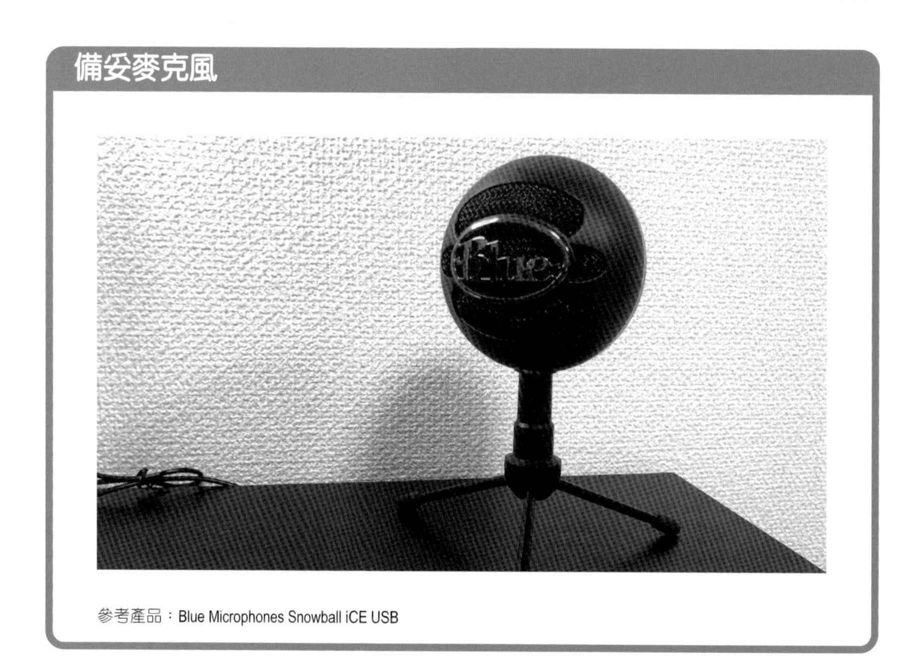

參考產品：Blue Microphones Snowball iCE USB

做，效果就會截然不同。

或是牙一咬，狠下心來添購一款性能稍微好一點的麥克風，也是一種解決方法，聲音的清晰度會完全不同。

■ 使用靜音功能

與會人數較多時，環境聲音容易顯得吵雜。這時，除了說話的人以外，其他人只要開啓靜音（關閉麥克風）等功能即可解決這個問題。

然而，靜音功能雖然很方便，但是也會因此難以掌握大家說話的節奏，所以會議思路導引師必須妥善指定發言者、進行場面控制。

06 增加溝通力的4大方法

線上會議要面對的最大課題，應該可以說是「難以掌握大家反應」。進行線上會議導引時，能否更接近實體會議的狀態是極需解決的課題。

即使畫面或是聲音清晰，不可否認的是，比起實體會議的確還是比較難以掌握與會成員的反應。看似理所當然，但因爲是二次元的狀態，且隨著上線人數增加，每個人在畫面上的影像就會變得更小。

進行導引時，掌握彼此的反應非常重要。是否能夠達成共識？**是否有人會覺得不高興？等，必須經常掌握對方的反應**。會議中，如果與會成員關閉鏡頭，就難以掌握對方是否接受、是否理解等相關反應。我們也可以理解與會成員關閉畫面會覺得比較輕鬆，降低被看見的緊張感。

然而，會議是由全體與會成員共同塑造的一個場域。**彼此之間傳遞反應與感受，致力於營造出能讓與會成員感到安心、安全的場所是線上會議成功的要件**。所以我自己一定100%都會露臉。

接著，再來解說一下，在這樣處處受限的條件下，該如何互相傳遞反應。

❶ 反應要比平常大1.5倍

肢體語言、手勢、表情都必須比平常大1.5倍。此外，要盡量用言語「講出來」。

對方可能會看不到「點頭」等動作，因此最好要比平常更常出聲說話，像是「很不錯呢！」之類的。原本透過態度或是表情傳達的部分，改爲用言語說出口。

各位聽說過麥拉賓法則（the rule of Mehrabian）嗎？人與人之間直接面對面的Face to Face 溝通有以下3大要件。

- 言語……7%
- 語調（聽覺訊息）……38%
- 肢體語言（body language）（視覺訊息）……55%

麥拉賓法則認爲這三大要件組合起來，人們就可以進行溝通（意見交流），但是實驗結果發現，當這三大要件有所矛盾時，大部分的人會比較重視外在狀態（會影響信賴程度）。

比方說，雖然已經用言語表達「對不起」，但是「臉部表情（肢體語言）卻很難看」。比起言語，臭臉更能夠讓人接收到「當事人的意思」。

這就是所謂的比起言語，肢體語言（表情）優先。根據麥拉賓法則，研究結果顯示非言語溝通（38＋55%）會比說出口的言語（7%）更值得信賴。

也就是說，人們往往會透過非言語資訊（語調＆肢體語言）取得更多的判斷資訊。

當和言語之間有所矛盾時，肢體語言會優先被對方接收到。

實體會議中，口頭上說「YES」，但是表情不悅，會議思路導引師就可以立刻掌握到「原來不接受呀」、「原來意思是NO呀」。但是透過線上會議，就很難讀取到這種程度的資訊。因此，會議思路導引師必須比平時更專注於肢體語言、手勢等非言語的資訊。

最基本的肢體語言是「大幅度地用力點頭」。除此之外，想要表達OK

時也可以用手做出一個大圈、做出拍手的動作等，盡可能用肢體語言或手勢傳遞出個人的想法！

❷ 把情緒放在語調裡

聲音也掌握了重大的關鍵影響因素。

因爲可以透過語調傳遞出這些情緒。

我們可以用比平時更誇張的語調來表達情緒、營造氣氛。

如同前述的麥拉賓法則，線上會議時的肢體語言會減少，因此更重要的是要讓語調更明顯，並且將肢體表現改爲「發出聲音」。

❸ 可運用線上會議工具的溝通小工具

線上會議工具中往往會提供一些可以表現出「好棒！」或是「拍手」等的小圖示。此外，也可以直接手寫在線上會議室中。**請積極地好好運用吧！**

❹ 建立會議規則

應該要求全體與會成員有意識地去執行、做出上述這些反應，並且將其當作一個「會議規則」。自己一個人做或許會覺得有點不好意思，但是如果變成是會議規則，就很容易一一去實踐它。會議思路導引師可以在剛開始進入會議時稍微花一點時間說明。

會議思路導引師本身必須積極實踐上述這些事情，除此之外還必須更加提升每一個人的溝通能力。

07 線上會議時也可運用白板整理讓意見可視化

進行線上會議時，還是會以「討論」爲主，但是想要將大家發言的內容寫在白板上使內容可視化、使用便利貼、實行KJ法等都會變得比較困難。根據不同的線上會議工具，有些雖然附有線上白板等功能，使用起來還是難以媲美實體會議。

解決方法是分享彼此的EXCEL（試算表）或是POWER POINT（簡報）的畫面。發言者只要輸入內容，即可和白板一樣具有可視化的效果。之後也可以沿用爲會議紀錄，請務必試試看。

除此之外，也可以**運用真正的小白板。例如：一般50元商店等販售的小白板尺寸適當、品質也很不錯。**會議思路導引師可以隨時將與會成員的發言寫在小白板上，並且放在鏡頭前和與會成員共享。

可以運用50元商店販售的小白板

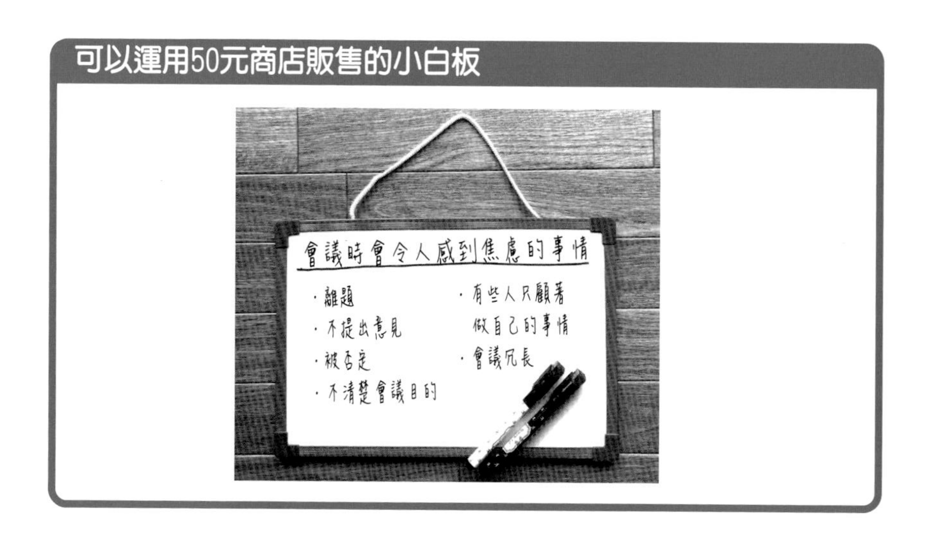

目前已經有各種能夠讓意見可視化的應用軟體，想必未來會議思路導引師也會陸續被要求使用那些軟體。

此外，使用KJ法時，可以利用Google 的試算表（Google Spreadsheet）同時進行編輯。會議進行中，會議思路導引師可以一邊和與會成員對話，同時和大家一起瀏覽同一個試算表的內容。這個部分的功能相當豐富，建議在實體會議中已經相當熟悉KJ法的人，可以試用看看。

08 人多也沒關係，方便分組討論的神工具「Zoom分組討論室」！

與會成員較多時，有時候難以只討論單一主題。此外，像是Work Shop（工作坊）那種由多個團隊討論同一個主題，並且需要共享各個團隊討論內容的會議如果要改爲線上會議，門檻相當之高。不過，**Zoom的分組討論室（Breakout session）功能可以解決這項煩惱。**

分組討論室功能可以依照需求、劃分期望的討論人數。例如：原本是10人的會議可以分成2組各5人。時間方面也可以自由設定，1小時的會議可以設計分割成最初的20分鐘先讓所有人一起討論，接下來的20分鐘分成2組各5人進行小組討論，最後20分鐘再讓所有人回來一起討論等。

這項功能是擔任訓練課程講師時不可或缺的功能。此外，在公司內部召開工作坊時，會議思路導引師如果能夠運用這些功能，整個場面也會變得更加熱絡。還有，人數較多的說明會等，如果有經過一定程度的說明，也可以藉由這些功能將眾人分成3～4人的小組，進行感想分享等活動，另一方面如果不是說明會，這些功能也具有提升與會成員情緒的效果。請務必試用看看。

然而，部分公司因爲安全性問題而禁用Zoom。因此，Zoom日本公司現階段正在進行相關改善工作。除了Zoom以外，如果使用的是Microsoft Teams，可以在會前先進行相關設定，即可進行分組討論。

09 其他召開線上會議時要注意的重點

關於召開線上會議要面對的課題，在此解說其他解決方案以及應該努力改善的重點。

■ 打造一個安靜且能夠靜下心來的環境，是參與會議的基本禮貌

在一個安靜且能讓人靜下心來的環境進行會議是最基本的條件。實體會議在會議室召開，線上會議的狀態也要能夠一致才行。

如果是居家工作，孩子可能會亂動電腦。如果是在咖啡廳，可能會有些環境噪音。如果是在移動過程中，則無法靜下心來講話。**人總是會有各式各樣的事情要處理，但是打造一個安靜且能夠靜下心來說話的環境，應該是參與會議的基本禮貌。**

居家工作時，必須先和家人說明何時必須進行線上會議，重點是要在與家人不同的房間內開會。如果一定要在移動過程中，或是咖啡廳等地點參與會議時，則要事先告知會議召集人。會議召集人能夠事先掌握與會成員的狀態，會議進行時才能隨機應變。

此外，如果自己就是會議召集人，召集會議時，必須要將能夠在安靜環境下說話視為一個基本條件，有時甚至必須調整會議日期等。

■ 如果無法改善網路環境，恐怕會跟不上會議

「沒跟上（lag）！」重新登入後，還是「沒跟上（lag）」。

如果發現與會成員中，有人處於這種狀態，必須要特別注意，因為其實這個人等於沒有參與到會議。過去即使進行線上會議，通常僅止於和公司分店之間的會議，所以相對來說都會處於網路環境較佳的地方，因此不太會有問題，然而居家工作時卻會受到個人所處的Wi-Fi環境影響。

想要順利進行線上會議，強化網路環境是優先要考量的事情。在我嘗試使用多種線上會議服務後，發現不同的服務功能也會加重通訊負擔，結果只有那些網路環境狀況良好的人可以順利進行線上會議。此外，也會因爲公寓大廈等共享Wi-Fi、在使用者較多的時間點使用等，而有網路狀況不穩的情形。雖然每個月要花費數千日幣的成本，但是請不要吝於此項投資，先把家裡的Wi-Fi 環境整頓好至關重要。

■「依序詢問」、「發言手勢」可以幫助對話節奏流暢

會議的節奏也很重要，一旦對話的節奏亂掉，就無法讓會議氣氛持續熱絡。然而，線上會議其實很難掌握講話時機。

這時，會議思路導引師必須積極地進行會議流程管理。與進行實體會議一樣依序詢問與會人員。

然而，進行線上會議時，有時候無法在單一畫面上秀出所有與會成員，因此必須注意有時候會搞不清楚是誰在發言。與實體會議不同，線上會議時的畫面位置會一直改變，自己看到的畫面和其他與會成員看到的畫面排列不一定一樣，因此也無法使用「請順時針依序輪流講話」的方法。

爲了不要陷入這種窘境，會議思路導引師可以在手邊準備好「與會成員名單」，想要促使大家發言時就看著該名單進行，即可避免遺漏或是重複點名。此外，可以事先決定好如果大家想要發言時，是要舉手或是按下相對應的舉手按鈕等規則，都是能夠順利控制發言的訣竅。會議思路導引師只要多用點心，就能夠讓線上會議的節奏比實體會議時更順暢。

■ 因應與會成員的個別需求，消除「對工具的不習慣感」

根據現況，不可否認的是許多人一開始都對線上會議有相當大的抗拒。許多人的理由是「不了解怎麼操作」、「要重新學習很麻煩」。開始進行會議後，有些人會表示自己無法登入、聽不到聲音、看不到畫面等，

變成需要花費時間去因應那些人的需求，因而浪費其他人的時間。

為了避免這樣的情形發生，會議思路導引師必須盡量在會議前做好準備。我個人通常會在會議開始時間15分鐘前就開啓「線上會議室」，提供那些對操作不習慣、覺得不安的人多一些可以練習操作的時間。只要稍微指導一下畫面開啓／關閉、麥克風開啓／關閉、聊天室功能、分享畫面方法等基本的操作方法，狀況就會變得完全不一樣。仔細確認畫面是否可以播放、聲音是否聽得到等通訊環境狀況。經常發生有人無法登入等情形，也可以在這段時間內盡量想辦法解決。

此外，爲了保險起見，會議開場時也可以和全體與會成員進行基本操作或是通訊環境確認。可以一一和每個人寒暄、確認，取代破冰時間。只需要利用這種程度的時間來因應即可，個人認爲當下不需要多做處理。

■ 每15分鐘進行一次「伸展運動」，維持輕鬆與會的狀態

剛開始進行線上會議可能會不太習慣，有時候也會覺得比實體會議來得更加疲累。因爲得一直注視著畫面，一個不小心就容易一直維持著相同的姿勢。實體會議每召開1小時以上就必須要暫停、休息一下，**線上會議時則可以稍微有意識地進行伸展運動，幫助大家盡量維持在輕鬆與會的狀態**。會議思路導引師這時必須出聲詢問：「大家要不要稍微活動一下筋骨呢？」每15分鐘就可以讓所有與會成員進行一次簡單的伸展運動。

■ 關於換名片這件事

Sansan等名片檔案管理服務公司提供了「線上交換名片服務」。初次見面時，通常要拿到名片才會有一種「要正式開始交流了啊！」的感覺，因此或許可以多多運用這些線上服務。

column

會議思路導引師面對會議時應有的態度

先前曾邀請與會成員協助觀察我在會議進行中的模樣，並且回饋給我。從該結果可以得知在扮演會議思路導引師時他人眼中的自己，是一個可以重新調整自己的契機。請各位務必參考看看。

聲音、表情				行為舉止		
有笑容	聲音	情緒高昂	有幽默感	肢體語言／手勢幅度大	有眼神接觸	站著
有笑容	聲音有強弱、語調變化	情緒高昂	有幽默感	經常有動作	能和每一個人進行眼神接觸	站著
有笑容	聲音	有精神	講話讓人覺得開心、有趣	動作較大	能平均對到每一個人的眼神	站著講話
有笑容	聲音較高亢、較大聲，容易聽得清楚		不會覺得厭煩	有手部動作	有眼神接觸	站著
有笑容	聲音清楚			是手部動作激烈的人	經常與大家眼神接觸	
有笑容	聲音有抑揚頓挫			有一些手勢(gesture)	有Eye contact	
有笑容	音量大			肢體動作大		

說話用詞、內容、節奏			接納（認同、同感）			
會使用簡單的詞句	有提供經驗談、具體案例	有節奏感	會接納他人	會說很不錯呢！（有回應）	不會否定他人	會營造氣氛
會替換為簡單的詞句	經驗談相當有趣	很有節奏感（氣勢很重要）	會稱讚人	會說很不錯呢！	不會否定他人	可以營造出良好的氛圍
不會說稍微複雜的事情	會用具體案例來說明	很有節奏感	聽完大家意見後會給予掌聲	好像很有趣！	不會否定他人	可以營造出輕鬆的氛圍
會替換為易懂的內容	會舉例說明	很有節奏感	會接納、分享意見（藉由鼓掌等方式）	意見全盤接受	不會否定他人	服裝不拘謹
	會舉一些案例來說明	話題結束時會說「好的」（做切割）	不會打斷人家說話	會說很不錯呢！	不會有負面建議	氣氛良好
	舉出了壽司師傅的案例	講話很有節奏感	意見能夠被接受	會附和地說很不錯呢！	不會否定他人	有一種容易表達出想法的氣氛
	會舉出易懂的案例		會鼓掌	發言時會搭配手勢		營造出讓人想要挑戰也OK的氣氛
	經常會說一些比較私人的事情		會鼓掌	會說很不錯呢！		
	會講笑話			會稱讚人		

看完上述的回饋，有什麼感覺嗎？有沒有發現聲音、表情、行為舉止、說話節奏、接納等與「營造會議氣氛」相關的項目，占了非常高的比例！

事實上這裡所提出的內容都是實際在會議中必須非常注意的地方。

對於不擅長表達情緒的人來說，要他比劃手勢、有精神地大聲說話或許會有點抗拒。是否能夠被眾人所認可，除了能力之外，恐怕這道心理的門檻更高。

這裡所列舉出的每一個項目，基本上任何人都可以做得到的。本書先前也曾提及這個部分，即使是溝通能力較差如我都能做到，相信各位一定也可以做得到。

進行會議導引時，可以慢慢一點一點地去嘗試。

Q & A

常見問題由最強思路導引師——園部老師來解惑！

在這個單元裡，
我們從截至目前為止的多場會議導引訓練課程中，
將詢問度較高的項目彙整成Q & A，
提供給大家參考。

會議思路導引師不能夠陳述自己的意見嗎？必須絕對中立嗎？

A 會議思路導引師也可以針對問題提出自己的意見。然而，必須特別注意的是進入達成共識階段時，就不能夠加入自己的意見。必須站在中立的立場去彙整全體與會成員的意見，讓大家達成共識直到至少有一個意見出現。

會議的思路導引師應該由誰來擔任呢？新人或是資深同仁都可以嗎？

A 原則上我認爲應該由主辦（召集）該場會議的人來擔任。跟職級、年齡完全沒有關係。因爲即使是新人也會被委任一些工作，爲了完成該工作而需要詢問其他人員意見時，就可以召開會議。在這種情況下，既是新人也是規劃該場會議的人，就直接來擔任會議思路導引師吧！

開會時，站在與會成員或是同仁的立場，有什麼可以做的事嗎？

A 會議中，不是只有會議思路導引師要忙碌，與會成員的想法與態度也非常重要。抱持著全力支持會議思路導引師的心態參與會議，做好自己能做的事情以及注意到的事情，就能幫上會議思路導引師一個大忙。

具體來說

・積極的發言（炒熱氣氛）

・協助會場準備

・給予反應

只要做到這樣，就會讓會議思路導引師感到非常欣慰。

是否有會議的最適參與人數呢？

A 最適人數爲4～6人。3人以下的會議，意見的多樣性較少，很難汲取到不同立場的意見。相反的，7人以上的會議，可能會有一些袖手旁觀者出現，所以建議最多就是7人。超過8人的話，最好分成2組進行。

會議思路導引師是否應該在事前針對會議結論思考一個劇本？

A 我認爲應該要先進行思考。思考議程設計時有一件很重要的事情，就是要先問自己，這些想要在會議時討論的問題自己是否能夠答得出來？自己先描繪出一個故事劇本，可以藉此證明自己提出的問題是否爲「優質問題」。如果是連自己都完全想不出來的問題，與會成員很可能也不會有想法（意見）。

製作議程前，應該收集哪些資訊呢？

A 我個人不太會在事前收集資訊。勉強舉例的話，或許應該是要掌握住與會成員的狀態（狀況）。例如：與會成員是否有精神？是否很忙碌？是否能夠對工作有認同感等狀態。

可自由設定會議時間的話，要先決定議程還是先決定時間？

A 決定議程優先。先思考會議目標，再設計欲達成該目標的問題與流程。如果可以自由設定所需的會議時間，到會議結束時卻沒有辦法自行整理好那些討論的內容，就無法進入下一個步驟，因此必須將這些內容組合在同一個議程中。

Q08 如果信賴關係不成立，也就是說要在心理安全素質較低的成員中進行會議導引時，有什麼應該注意的地方嗎？

A 只想要在會議進行中就提升與會成員彼此間的信賴關係（心理的安全性）其實相當困難，我在擔任會議思路導引師時會貫徹以下理念：

・絕不否定與會成員的發言內容
・展現出可以接受任何發言的態度
・微笑以對（適量就好，不要過度）

然後，營造出一個能夠讓與會成員感到安心、安全的場所，再次確認「工作目的」、「讓成員彼此互相交流經驗或是擅長的領域、讓團隊成果發揮最大的效果」，努力多用語言交流、集合眾人的力量讓全體與會成員感受到幸福的氛圍。

接著，在會議以外的場合也可以分別多和與會成員聊天、個別聆聽對方的想法。不僅是在會議進行中，平時就要多和相關人員溝通、打好關係，我想最後都會成爲改善信賴關係的捷徑。

Q09 需要在會議一開始，就對與會成員進行「如果沒有積極參與是你的損失唷」、「你的態度會對其他人造成困擾唷」這種行前教育嗎？

A 千萬不要在會議一開始就疾呼要求大家改變心態（Mind Change）。即使眞的很希望積極地促使大家參與，但是牽制與會成員的言語行動可能會造成反效果。與其如此，倒不如在會議整體設計方面下點功夫。比方說，爲了不要讓某些人袖手旁觀，可以設計一些一定會使用到KJ法等的會議環節，就可以在不勉強大家的狀態下，逐漸提升大家的參與意願。

Q10 經常需要在自己其實不甚了解的專業會議中擔任會議導引，有時候無法追上會議的速度。是否有改善的方法呢？

A 會議思路導引師的角色是營造氣氛與引導討論步驟，因此即使對於內容不甚專業，基本上都可以因應得宜。

我曾引導過各個業種的公司經營團隊會議、員工外宿活動等。當然，其實我並不懂那些專業領域的內容，但是也不會影響我進行引導。與其去鑽研那些專業領域，建議倒不如確實去實踐本書中所介紹的解決問題架構、KJ法等整理技術。即使遇到專業的內容，也請藉由商業架構或是整理方法等，有自信地在某種程度下使其圖像化。

Q11 曾經在會議中建議使用KJ法，但是卻不被大家接受。請教教我遇到這種狀況的因應策略。

A 向每一位與會成員詢問同樣的問題，並且依序確實詢問大家的意見。再將意見通通寫在白板上，最後用與KJ法同樣的方法分類、進行重點整理即可。

Q12 KJ法好像很萬能，有什麼缺點嗎？

A 根據我的經驗，雖然有80％的與會成員贊同KJ法，但是可能有20％的人會覺得不甚滿意。如果要說是哪些人不滿意，就是那些總是在會議中高談闊論的人。因爲無法讓他們暢所欲言，所以如果使用KJ法，他們就會有一種經常被打斷的感覺，只能將自己想說的話簡單整理出來。對於平常很愛講話的人來說，會感到非常有壓力。如果怕這種人累積太多不滿，必要時也可以切出一些時間，稍微給他們一點宣洩的機會。

Q13 會議進行過程中，即使進行導引，也可能會因為緊張而出現超出預期的意見等，因而無法好好整理各種資訊。該如何累積這些經驗或是訓練呢？

A 光在腦袋中整理是有點困難。在還沒習慣之前，可能還會因爲弄錯、覺得不好意思而敬而遠之，所以就先從讓資訊可視化開始吧！不需要讓所有事情都一口氣到位，好好面對每一個意見、仔細地整理更爲重要。
這時候還是KJ法最有助益。在完全學會KJ法之前，即使辛苦也請不要放棄，可以在會議中多多實踐、反覆練習。此外，如果怎麼努力都還做不到全套KJ法的話，也不用勉強自己在會議進行中就整理好所有的資訊，會議進行過程中只要先取得大量的想法即可，等會議結束後自己再靜下心來好好整理，我認爲也是一種不錯的方法。

Q14 與會成員都是一些很難提出想法的同仁。應該要求大家達到怎樣的程度呢？

A 結果產出的良莠通常取決於「問題設計」。也就是說並不是與會成員的問題，而是會議思路導引師的問題。如果是那種需要立即得到答案的問題，與會成員恐怕也無法好好表達出自己的意見。可以藉由不斷拋出許多小問題等的方式，思考出讓與會成員容易作答的問題。
此外，會議思路導引師必須由衷信任與會成員、營造出一個心理上的安全環境至關重要。在良好的會議環境下，如果還能夠遇到優質的問題，與會成員一定能夠拋出好的想法。這些都是經驗累積而來的眞心話。

Q15 會議進行中，如果突然有一個離題的話題介入，使得氣氛變得非常熱烈，該如何處理呢？

A 如果氣氛沒有變差，沒有必要直接打斷，可以讓大家稍微先聊一下再打斷，而且要用非常有精神的語氣介入：「好了！那麼，讓我們再回到○○（原本的議題）吧！」

會議思路導引師在處理這件事時，只需要明確該場會議的目標、有自信地介入，應該就不會有與會成員表現出不滿。

Q16 會議進行中，該怎麼因應那些亂場、暴怒、情緒化的人比較恰當呢？

A 因應這些人，嚴禁用情緒化的方式應對。必須保持冷靜，並且應對時要銘記以下2個基本原則。

- **完全不能用情緒化的方式去因應，應該要用一種沉穩的語調：「○○先生／小姐很在意○○呢！」讓全場關注那個人的發言。**
- **會議進行中，不需要特別進行什麼處理，會議後再追蹤。**

直接走到那個人的面前，特意聆聽他想講的話，我想那個人一定會收斂怒氣。通常人們發現對方願意聽自己講話，就會開始慢慢地平息怒火。

然而，這些狀況通常可以在事前就避免，盡量在事前準備、好好設計出可以避免這些衝突的議程。

比方說，部門之間的會議等，可以假設業務部或是製造部等有利害關係的與會成員間會出現對立，事前向那些可能會生氣或是亂場的人說明，讓那些人能夠先有心理準備就比較不會突然爆發衝突，或者即使出現反對意見、抱怨、發牢騷等狀況也不會立刻予以否定，而是會先聆聽並且抑制怒火。像這樣事前先安排好、讓大家的情緒有出口，就可以避免在正式會議時發生衝突。

Q17 雖然知道對方沒有惡意，但是對於那些直接插話，或是很愛高談闊論的人，該如何因應呢？

A 會議開始時就要先公告會議規則「請大家依序簡短發言」。像這樣在事前作一些宣導，即可在一定程度下達到預防的效果。

會議進行中，需要讓與會成員發言時，就用「那麼，就從○○先生／小姐開始，順時針依序發表一句話！」這種方式展開。在與會成員的發言過程中，如果有人出聲打斷，可以溫柔地出聲因應「等一下才會輪到○○先生／小姐唷，請再稍等一下。」相反的，如果是遇到高談闊論的人，就要直接插話：「不好意思，可不可以盡量簡潔一點呢？」沒有會議思路導引師的許可就不能講話！用這種氣勢君臨會場。如果讓大家自由發言，會議思路導引師就會失去控制力道。徹底執行的方法是「要求大家想要發言時，必須先舉手取得會議思路導引師的發言許可權」。

Q18 在達成共識方面，遇到有人用情緒化的態度攻擊時，該怎麼辦呢？

A 可以利用決議矩陣等方式，盡量做出合理的決定。例如：用「○○先生／小姐，你最在意○○了吧！那也是很重要的基準之一呢！那麼，我們就以該基準爲主，找出所有符合該基準的內容，並且把它們整理成可視化的決議矩陣吧！」等方式，讓情緒不穩的與會成員無法繼續攻擊，並且促使他們進入會議程序。

此外，爲了減少這種情緒上的攻擊，請務必在會議一開始時和大家確認達成共識的規則，如下：

・必須在時間內，努力達到全體一致通過的目標（詢問所有人的意見）
・在時間內，如果無法全體一致通過時，由會議主持人決定
・全體與會成員必須依循在這個步驟下所決議的任何事項

有沒有什麼方法可以找出不接受會議結論的人呢？

A 不接受的人會表現在態度或是表情上，因此會議思路導引師必須仔細觀察。

或者也可以在最後進行會議回顧反思時得知。出聲表示「最後請大家分享一下對今天會議的感想。每個人都請說一句話喔！」藉此引導大家講出眞正的心聲。這時，接受度較低的人會出現稍微負面的言語或是態度，請一定要在會議後列入追蹤。

Q20 公司內部並沒有會議思路導引師這種文化。該如何導入比較恰當呢？

A 我認爲可以從自己開始實踐，讓身邊的人親眼看到會議思路導引師的有用性與可能性。我自己是先去聽了一些會議導引的研討會，並且自己舉辦過大大小小、各式各樣的會議，埋首耕耘的結果是主管或是同仁們都開始對會議思路導引師產生興趣。我也能夠將我所學得的會議導引技巧實踐在「會議導引技巧讀書會」上。

Q21 如果是線上會議，無法稍微聊天或是溝通不良，有時候會覺得好像少了些什麼。有沒有什麼解決方法呢？

A 積極地進行破冰活動吧！例如：可以用「每人1分鐘分享一下最近的熱門話題吧！」這種感覺，即使時間短暫，聊一些與工作無關的話題不僅可以消除緊張，彼此也會有更深的連結感。此外，如果有時間的話，我會特意提早5分鐘左右登入線上會議室，也有很多成員和我一樣會提早登入，所以在會議正式開始前的短暫時間大家通常也都聊得很熱烈。

在線上會議第一次（與外部人員）見面時，有什麼要注意的地方嗎？

A 在會議開始5分鐘前就從容地登入線上會議室。目標是要給大家一個「出眾的笑容」，所以在10分鐘前就要特意提醒自己維持在最佳的精神狀態。

Q23 往往要花很多時間對那些不熟悉線上會議的人進行操作說明等。有什麼比較好的解決方案嗎？

A 推測可能有這種類型的人存在時，可以請他們在開始前15分鐘就先登入線上會議室，在正式會議開始前完成基本的軟體操作練習。雖然稍微有點麻煩，但是希望至少同一家公司的同事都能夠順利進行線上會議，所以就用開闊的心胸去協助這件事情吧！

實際參加看看吧！

會議導引
實況轉播！

假設接下來有一場13～14點，共1小時的會議，
就由我帶領大家跟著會議當天的議程，
告訴大家一些會議進行時應該要特別注意的地方，
來一場「紙上實況轉播」教學，
請好好感受一下實際開會的感覺吧！

12：55 ▶ 進入會議室

會議當天要注意的是嚴守開會時間。

然後，提醒自己進入會場時必須面帶笑容、有節奏感地進行時間管理。事先做好心理建設，讓自己處於一種最佳狀態！事不宜遲，就讓我們從會議開場來看看吧！

13：00 ▶ 會議開始！

開場

當天的會議進行方式

園部

大家辛苦了。開會時間到了，我想我們就開始進行「會議改善計畫」的討論會議吧！
請大家多多指教！（有精神的語調）

這是今天的會議流程，請大家先看一下議程。
如議程上所看到的，今天想要和大家討論的是「釐清會議要面對的課題」以及「鎖定重要課題」。希望今天至少能夠先釐清會議課題，並且鎖定重要課題。
這是我們的會議「目標」，請大家多多幫忙。

必須讓與會成員共享的議程資訊

項目	詳細內容
會議名稱	會議改善計畫（第 X 次）
日期 地點 與會成員 會議思路導引師	20XX 年 X 月 X 日 13:00～14:00 ○○會議室 會議改善計畫小組成員（5 名） 園部先生（會議主持人兼會議思路導引師）
會議目的、目標	・釐清會議的課題 ・從釐清的會議課題中，鎖定「重要的課題」

進行內容		時間表		
		進行的標準時間		所需時間
1. 會議開場				
・當天的會議進行方式	說明	13:00	13:03	3 分鐘
・破冰活動（最近發生的趣事！每人 30 秒）	分享	13:03	13:05	2 分鐘
2. 討論內容				
1）釐清會議的課題 ・會議時會令人感到焦慮的事情、會覺得有問題的事情！	KJ 法	13:05	13:25	20 分鐘
2）鎖定重要的課題 ・投票→意見交流→由會議主持人決定	達成共識	13:25	13:50	25 分鐘
3. 聚焦				
・回顧反思（感想分享）		13:50	13:55	5 分鐘
會議結束				

Time	會議的流程	備註

POINT

❗ 最長只能在5分鐘以內

開場白最多只用5分鐘，只用3分鐘或是更短的時間也沒關係。

❗ 為什麼要召開這場會議，必須明確目的或是目標

會議一開始就要明確地和大家說明想在今天的會議中做些什麼？要決定到什麼地步？會議思路導引師必須和與會成員達成共識。

13：03 **破冰活動**

園部

那麼，接下來，就讓我們進行破冰活動吧！
今天的題目是「最近發生的趣事！」請和大家聊一聊最近發生的趣事，每人30秒。老規矩，請大家聽到後用平常多1.5倍的笑容來回報！那麼，就從A小姐開始，好嗎？A小姐，麻煩請給我們歡樂的30秒。

A小姐

最近我又開始做瑜珈了，其實我已經好幾年沒做瑜珈。所以，覺得對身心都產生了一些好的影響。除了自己比較不容易感冒外，整個人也變得比較放鬆。感覺上還會對工作帶來一些好的影響。

（備註）分享約30秒左右。

Time　會議的流程　備註

園部

大家請掌聲鼓勵～！

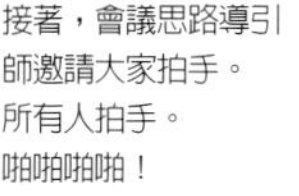

接著，會議思路導引師邀請大家拍手。所有人拍手。啪啪啪啪！

園部

好的！非常謝謝你的分享！瑜珈課真不錯呢！可以自我療癒呢！
好的！那麼，接下來請B小姐分享。

園部

太感謝大家了。

讓所有與會成員輪流進行。

POINT

決定好每個人的發表時間

先規定好「每個人1分鐘」的發表時間，再讓大家一一發表。如果想要再縮短一點時間，也可以和大家說「請每個人輪流說一句話」。

出聲說「好的！」然後再輪到下一位

每個人講完後，必須大聲地予以回應「好的！」藉此做為一個區隔。如果不用「好的！」來區隔，原本覺得自己應該要結束話題的人就會覺得「咦？我已經講完了耶，還要繼續嗎……」然後就又繼續講下去。會議思路導引師應該稍微附和一下剛剛那位小姐講的事情，像是「瑜珈課啊，真不錯呢！可以自我療癒呢！」然後，再大聲地說「好的！」做為一個話題的區隔。接著用「那麼，接下來請B小姐分享。」這種形式交棒給下一位發言者。

❗ 隨時都可以拍手

對會議思路導引師而言，有一個東西扮演著能讓會議順利進行的潤滑劑角色。那就是「拍手」。拍手的時間點是當與會成員講完話的時候。發言者講完話時讓大家拍手，會有一種將不同話題做區隔的感覺，被拍手的那一方也容易會有一種「自己的意見被接納了」的感覺。會議進行中，如果能夠讓每一位與會成員都認為「這是一個令人感到安心、安全的場所」，就會比較願意抒發內心真實的意見，但是，有時候拍手也會被認為是在拍馬屁。此外，如果有6個人就會有6個拍手的聲音，也會影響會議的節奏。

13：05 討論

釐清會議課題

接下來，終於要進入會議的主題。例如，可以直接告訴大家「我們要來釐清會議的課題了」。

園部

那麼，接下來就要進入今天的第一個主題。為了方便大家討論「會議的課題」，我會使用「KJ法」來進行整理。

Time	會議的流程	備註

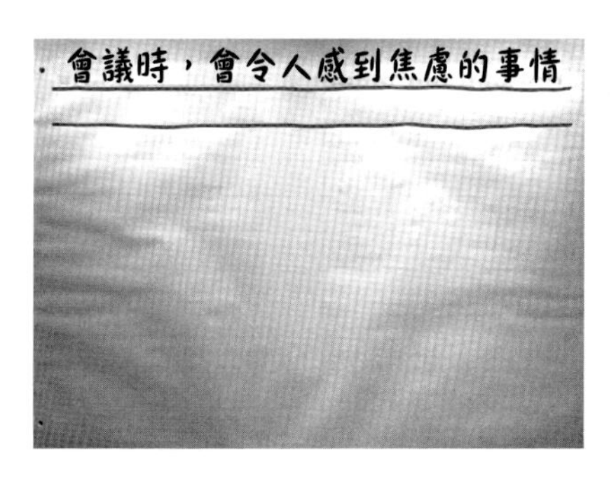

這時要準備白報紙。在大標題處寫下：「會議時，會令人感到焦慮的事情」。並且在下方畫出兩條橫線。

園部

這次的題目是：「釐清會議時，會令人感到焦慮、覺得有問題的事情。」各位認為會議時有什麼事情會令人感到焦慮呢？或是會覺得什麼事情是有問題的呢？

POINT

先在議程中就把「問題」設計好，會很有幫助

這次將會議主題設定為「釐清會議的課題」。直接詢問大家「會議時有什麼事情會令人感到焦慮呢？或是會覺得什麼事情是有問題的呢？」事前製作議程時就應該思考設計出要討論的「問題」。設計出「問題」後，自己必須在某種程度下預測可能的答案。事前模擬「大概」的情境，會議當天就比較能夠從容應對。

Time	會議的流程	備註

接下來，請利用手邊的便利貼，寫下在會議時，會令人感到焦慮的重大問題。可以從會議召集人、與會成員等任何一種立場來寫。
一定會有很多令人感到焦慮的事情吧？
不需要在意自己的意見是否很奇怪、還是很厲害。請直接寫下平常你覺得會令人感到焦慮的事情。

寫便利貼時有3大原則。
原則1　1個想法就寫1張便利貼
原則2　用較粗的簽字筆寫
原則3　撕便利貼時，從側邊撕開
等3大原則。

不要用捲曲紙張的方式向上撕開便利貼，而是要從側邊撕開，再把便利貼貼到白報紙上，就比較不會捲起來。
這是一個小祕訣。

Time	會議的流程	備註
	那麼，現在請在3分鐘內盡量寫出在會議中會令人感到焦慮的事情！請開始！	說完後，用碼表開始計時。

園部

真的有很多會讓人覺得焦慮的事情呢！
哎呀！「會議超時」，這還真糟糕，好像還有很多可以寫呢！「有些人喜歡高談闊論」。嗯，這種也很討厭呢～。
「完全沒意見」，或是自己覺得「會議裡有很多眉眉角角」都請盡量寫下來。
沒有張數的限制唷！
1張便利貼只寫1個想法。請在時間內，寫個10張或15張都可以。

大家在寫的時候，可以從旁出聲講話。

剩下20秒，各位請把手上這張寫完就先停筆吧！
好了！時間到，請大家停筆。

POINT

只讓大家用3分鐘寫便利貼

與會成員寫便利貼的時間只有3分鐘。在這段時間內，讓大家將1個意見寫在1張便利貼上，有限時間內可以盡量多寫一些意見。

大家寫便利貼的時間，可以從旁出聲講話

與會成員將意見寫在便利貼上時，會議思路導引師如果只是在旁邊默默計時，會給人一種壓迫感，因此可以一邊注意時間，一邊出聲和大家講講話，像是「任何意見都可以唷！」、「只是靈光乍現的想法也沒關係，請盡量寫下來！」等。採用「使用便利貼收集意見」的方法時，每一位與會成員寫的便利貼越多越好。比起質，量更重要。重點是要一口氣獲得與會成員腦海中的所有資訊（意見）。

13：10 ▶ **整理**

好的，就來整理一下吧！那麼，A小姐，能不能給我任何1張你寫好的便利貼呢？

Time	會議的流程	備註

A小姐

「都不提出意見」。

園部

「都不提出意見」。會議中經常會遇到這種情形吧！還有沒有人也寫了類似「都不提出意見」的答案呢？
啊，C先生、D先生！都是寫這個答案呢！

E先生寫的是……「往往會被聲音大的人壓制，直到會議結束也無法好好講出自己的意見……」這種結果也和無法闡述個人意見一樣呢！那麼請大家把類似的意見交給我。哇，有好多喔～。

這樣應該差不多了吧？我們完成1列了呢！好的，再換下一個新的意見吧！
那麼，B小姐，請再給我任何1張便利貼。

（備註：一邊讀出來，一邊貼在白報紙上。）

B小姐

嗯～，好的，「沒有目的！」

園部

喔～，好不容易聚集在一起開會，但是卻不清楚開會的目的、不知道是要開什麼會議的意思吧～。請也是寫「沒有目的」或是「目的不明確」之類的人，把你的便利貼給我。

Time	會議的流程	備註

回收便利貼後，要1張1張地讀出來，然後再貼到白報紙上。

C先生

「不知道為何要聚集在一起」。

園部

這個意見應該也可以分類在「沒有目的」吧！「到頭來不知道聚在一起是為了要做什麼」。所以這張意見也可以放在「沒有目的」這個分類！
還有沒有類似「目的不明確」的意見呢？好像沒有了呢！好的，我們也完成第2列了呢！
那麼，再請C先生給我1張新的便利貼。

C先生

「有些人只顧著做自己的事情」。

園部

啊～，的確是會有這種人呢！像是一直狂用筆記型電腦打字的人，沒有專心參與會議的機率很高吧！

Time	會議的流程	備註

那麼，還有沒有人寫了類似的意見呢？

E先生

「對會議漠不關心」。應該是類似的意見吧！

園部

如果覺得類似，就請先給我吧！

E先生

「漠不關心」和「做自己的事情」有什麼不一樣嗎？

園部

在沒有專心參與會議這一點上的確是類似的呢！除此之外，還有沒有人有類似「對會議漠不關心」的便利貼呢？
哇～，好多呢！請全部都給我。

E先生

「給人一直想要離席的感覺」。

園部

這個好像也可以放在「漠不關心」的欄位內耶！請D先生再給我1張新的便利貼。

嗯～。「事前準備不足」。

D先生

園部

也是有這種情形呢！事前準備不足。應該是對會議主辦人方面的意見吧！有類似意見的人請將便利貼交給我。
喔！這個有點不知道該歸類在哪裡呢！這樣的話，就先把這個意見放在「其他」吧！

用這種感覺持續進行到每個人手上的便利貼都全部拿出來為止。

謝謝大家！
所有人的便利貼都拿出來了吧！
那麼，讓我們給每一列訂一個標題吧！

Time　　會議的流程　　備註

完成！完成的示意圖如下所示。

問題：會議時會令人感到困擾、焦慮的事！

不提出意見	目的不明確	漠不關心	有些人滔滔不絕	沒有結論（無法收斂）	離題	沒有準時開始／結束	被否定	氣氛不佳	其他
不提出意見	沒有目的	有些人只顧著做自己的事情	就只有那幾位在說話	沒有結論	離題	有人遲到	有些人會否定他人	場面熱不起來	事前準備不足
有些人不願意表達意見	不知道為什麼要聚在一起	對會議漠不關心	意見會偏向發言者	無法決議	離題	沒有準時開始	有些人只會否定他人	氣氛消極	做會議紀錄很麻煩
被聲音大的人壓制，一直到最後都無法講出自己的意見	到頭來不知道聚在一起是想要做什麼	覺得很無聊	可以說話的人有限	無法彙整		超時	被否定	氣氛不佳	都是由嗓門大的意見來決定
意見不多		給人一直想要離席的感覺	意見偏向發言者			沒有準時結束	負面言論	灰暗	
			有些人不想發表意見			浪費時間	有人在抱怨	氣氛沉重	
			有些人滔滔不絕			時間較長			

園部

總共有10個分類呢！

・不提出意見　　・目的不明確
・漠不關心　　・有些人滔滔不絕
・沒有結論　　・離題
・沒有準時開始／結束　　・被否定
・氣氛不佳　　・其他

還有3張少數意見，像是事前準備不足、做會議紀錄很麻煩、都是由嗓門大的意見來決定。看到這些，各位覺得如何呢？本公司的會議問題好像有點多呢～。

POINT

在白報紙上整理

1張1張地讀出與會成員寫在便利貼上的內容，並且在白報紙上進行整理。基本上，就只是將相同意見彙整在一起，並且進行分類而已。根據上述這個範例，包含「其他」在內總共有10個分類呢！在分類方法方面，如果與會成員是5～6人，只要分到7～10個類別即可。比方說，可以先在白報紙上做出「不提出意見」這個分類後，再於下方貼上和「不提出意見」類似的意見（便利貼）。這時候內容只要「差不多」就好。

總之，就先貼在「不提出意見」的欄位，如果之後還有覺得比較適合的其他欄位，再移動即可。有時會聽到「我沒自信將大家的意見確實分類好」、「這個意見的分類有點微妙，不知道究竟適合貼在哪一個欄位，有點難分」等，請別在意唷！

首先，從任何一位與會成員手上取得1張便利貼，然後再將該意見分類到其中一個欄位內。在這個範例中，A小姐提出一張「不提出意見」的便利貼後，就開始詢問與會成員是否還有類似的意見，如果有人提出，就可以做出一個「不提出意見」的分類欄位。

就算是「覺得很微妙的意見類別」也只要「差不多」分類一下就好。

只要不將該意見嚴格分類為A或是B，就不會對工作造成困擾，因此不需要太神經質。

Time	會議的流程	備註

13：20 ▶ **感想分享**

園部

總之，我們藉由KJ法讓大家的意見呈現可視化的狀態。那麼，請各位看向這張完成表，並且依序分享一下自己在意的內容吧！先從A小姐開始。

A小姐

每一個意見真的都會出現在會議中呢……。
我自己感到困擾的事和其他人覺得困擾的事很一致，讓我鬆了一口氣。

園部

好的，大家請掌聲鼓勵～

會議思路導引師要鼓勵大家拍手。
所有人一起拍手啪啪啪啪！

的確是這樣呢，大家提出了很多的意見呢！應該有跟大家自己心裡想像的意見很類似吧！好的！
那麼，B小姐。你覺得如何呢？

B小姐

我認為像這樣讓所有問題變得可視化，真的就可以聚焦知道有哪些課題了呢！

Time	會議的流程	備註

會有一種很清楚的感覺！可視化後，有一種腦袋都被整理好的感覺。

園部

好的，大家請掌聲鼓勵～。

會議思路導引師這時要鼓勵大家拍手。所有人拍手。啪啪啪啪！

那麼，接下來有請C先生！

C先生

我只寫了4張，共4個意見，看了其他人提出的意見，才發現「原來還有這麼多狀況呀」。

園部

的確是呢！沒有人可以自己提出所有的意見，但是如果是由許多人一起進行，就可以預防遺漏或是缺失呢！
好的，大家請掌聲鼓勵～。

一邊這樣說，也可以在此詢問大家的感想。

KJ法真厲害呢！只需要花3分鐘就可以把大家的意見都收集過來，並且快速地進行整理！

實際上，會議思路導引師進行任何活動，都可以大致依循這個步驟。先從已經被列舉出來的會議課題中，聚焦於其中一個課題，再來思考「決議」。

可以作爲如何繼續進行會議的參考。

POINT

最後請進行【回顧反思】，並且讓每個人簡短描述自己的感想

將意見全部整理到白報紙上，接著就可以和大家說「請各位針對這些提出來的會議課題以及整理好的意見，提供一些感想」。再多加一句「只要簡短地說一兩句就好！」能夠誘導大家描述一些直觀的感想即可。

假設有1個人說出：「我一直很在意那種不在會議中表示意見的人，今天才發現原來也有其他人這麼想，真是太好了」這樣的感想，會議思路導引師就可以直接順著他的話並且簡單地回應：「的確會有那種大家一直不表示意見的會議呢！」然後就用非常簡單的「手勢」促使大家拍手「大家請掌聲鼓勵～」。

這樣一來，與會成員就會實際感受到自己真的有參與會議，而且覺得自己的意見有被大家所接受。

Time	會議的流程	備註

13：25 **鎖定重要的課題**

園部

到了這個階段，我們已經釐清會議中有哪些課題，但是今天還是得決定要先解決哪一個課題。我們必須從大家提供的眾多課題中，鎖定1個。如果無法在時間內達到全體意見一致的目標，我會先聆聽大家的意見，再由身為會議主持人的我做最後決定，各位覺得如何呢？

看著與會成員們的臉，確認大家都有點頭。

那麼，如果沒有達到所有人的意見一致目標，就會由我來做最後的決定。當然，我不會像暴君一樣做出獨裁的決定，請各位安心唷！
那麼，關於鎖定課題這個部分，每1人可以投2票，我們先慢慢收斂問題，再來討論。目前，我們已經先分出了這10個類別。

- 不提出意見
- 漠不關心
- 沒有結論
- 沒有準時開始／結束
- 被否定
- 目的不明確
- 有些人滔滔不絕
- 離題
- 氣氛不佳
- 其他

Time	會議的流程	備註
	這時請在心裡選出2個「這個計畫應該要改善的2個項目」。選擇時的判斷基準有以下3個。 ・是我們自己就可以解決的程度（在某種程度下，似乎可以實際解決） ・效果較好的項目 ・執行起來最有感覺的 請大家根據這3個判斷基準，選出2個項目。 那麼，請用1分鐘的時間進行，開始。	出聲吆喝。
	請選出你覺得「解決這個課題後，會議氣氛就會變得很融洽，會議後執行工作時也會讓人覺得很愉悅」的項目喔！	隨便出聲說些什麼。
	好的！1分鐘時間到，讓我來聽聽大家都選了哪些項目。就從左邊的項目開始依序來詢問大家吧！你如果剛好選到該項目就請舉手。	
	好了，開始囉！選擇「不提出意見」請舉手。有5個人投票呢！	在白報紙上畫「正」字。

Time	會議的流程	備註

接著是「離題」。有沒有人想要解決「離題」這件事情呢？沒人選呢！接下來是覺得「目的不明確」的人。
喔，這個項目好多人投票呢！有4票。

用這種方式依序詢問。

好了，這樣就是全部了。票數比較多的有「不提出意見」、「目的不明確」、「漠不關心」呢！
那麼，我想聽聽大家選擇這幾個項目的理由。
首先，有請A小姐。請告訴我們妳選擇的項目與理由。

A小姐

我選擇的是「不提出意見」與「漠不關心」。參與會議，通常就是想要多聽聽大家的意見，所以，真的很希望能夠有一場會議是所有與會成員都很投入、完全沒有漠不關心的人。

園部

的確是這樣呢！真的會很想要去改善這個部分呢！
好的，大家請掌聲鼓勵～。

啪啪啪啪！

有請B小姐。

B小姐

我選的是「不提出意見」以及「目的不明確」。但是，比起「不提出意見」，我認為應該去幫助那些無法表達出意見的人，看看能做些什麼改善。還有，就是我認為如果搞不清楚那一場會議究竟是想做什麼，會很浪費時間，所以希望可以做一些改善，於是就選擇了「目的不明確」。

園部

目的不明確的會議的確會讓人覺得很焦慮，而感到很有壓力呢！好的，大家請掌聲鼓勵～。

啪啪啪啪！

好的！有請C先生。

用同樣的方式詢問全體與會成員。

園部

謝謝大家。那麼，讓我們進入第2輪的討論。請告訴我，各位在聽了那麼多不同的意見後，有什麼感想。

Time	會議的流程	備註

這次，讓我們從逆時針方向開始吧！
那麼，先請E先生。

E先生

我認為目的不明確的會議會讓人感到很焦慮，我想其他人也會有同樣的感覺。大家都不希望參加一場毫無目的的會議，如果都是這種會議會讓人心情覺得很煩躁，希望可以盡快改善。

園部

真的是這樣呢！目的不明確，恐怕會讓大家失去熱情吧！請掌聲鼓勵～。

這裡也用同樣的方式詢問全體與會成員。

啪啪啪啪！

園部

那麼，接下來的時間請進行自由討論。

Time　會議的流程　備註

還剩下7分鐘，如果有想要追加的意見，請再告訴我。A小姐，怎麼樣呢？

A小姐

我選的是「不提出意見」以及「漠不關心」，如果有「漠不關心」的人存在，現場氣氛就會變得很差，也會對工作造成不良的影響吧！

D先生

的確！之所以「漠不關心」就是因為該場會議的主題對他們來說不感興趣，所以當然會漠不關心。

B小姐

或許真的是這樣呢！人只要進了辦公室，就算沒興趣也沒關聯度，卻還是會被要求要參加會議。

C先生

或許是對正在進行的工作或是對於所屬單位有所不滿吧！真的會因此不想參與任何活動，會議時也會顯得漠不關心……。

E先生

對於那些在會議中拚命提出意見的人而言，「漠不關心」的人會顯得相當沒禮貌吧！我雖然也覺得「目的不明確」的會議會令人感到焦慮，但是仔細想想「漠不關心」恐怕也是很嚴重的問題。

如前述，規劃一個讓大家可以自由討論的時段。會議思路導引師這時不需要打斷大家，就讓大家自由發言即可。但是，如果發現有明顯離題等狀況時，請介入並且協助將話題拉回來。

13：45 ▶ （7 分鐘後）

園部

好的，謝謝大家！我們持續聚焦在「目的不明確」以及「漠不關心」這兩個項目呢！但是好像也無從比較、無法下結論呢！就好像是一種先有雞還是先有蛋的問題。決定選擇任一個項目好像都能夠有某種程度的改善空間，也可以令人期待改善成果呢！

今天的會議時間也差不多了，根據我們一開始訂定的決定規則，將會由會議思路導引師，也就是由我來做最後的決定。

13：47 ▶ 進行決定

園部

再次感謝各位提供了那麼多的意見。

Time	會議的流程	備註

每一個意見我都覺得很棒，但是我想這次就先把「漠不關心」定調為第一個要解決的主題吧！
有些人參與會議時會覺得很無聊、完全漠不關心，這種心理狀態會造成原本充滿幹勁的其他與會成員情緒跟著下降！
今天聽取了大家的討論後，我認為應該針對這一點盡快做出改善。
關於「目的不明確」，我認為也是必須要解決的重點問題，針對這個部分我想我們應該依序處理，先解決「漠不關心」這個問題，再來處理其他問題。再麻煩大家多多協助。

POINT

! 重點是要強調「今天聽取了大家的討論後」

強調今天聽完大家的討論後，非常尊重各位與會成員的意見。藉此也可以提高大家對會議結論的接受度。

13：50 結語

回顧反思（感想分享）

Time	會議的流程	備註

那麼，最後讓我們針對整個會議做一個回顧吧！

感謝大家的協助，讓我們能夠在預定的時間內按照議程進行這場會議。
真的非常感謝大家。
最後，讓我們進行今天最後一個回顧反思、感想分享活動。那麼，請每位同仁針對今天的會議感想講一句話！那麼，先請A小姐。

好的。今天雖然只有1個小時，但是卻能夠進展到鎖定問題的階段，讓我感覺非常充實。雖然，我還在思考究竟什麼是KJ法？不過，光用便利貼就能夠描述出自己的意見，實在很厲害呢！因為可以同時看到所有人的意見，所以也能夠快速接收到身邊其他人的意見。

KJ法真的是很棒的一種整理法呢！感謝分享。大家請掌聲鼓勵～。

啪啪啪啪！

那麼，接下來請B小姐發言。

今天真的很謝謝大家。讓我有一種撥雲見日的感覺。

Time	會議的流程	備註

因為，我們決定的是「漠不關心」這個課題，但是卻能夠快速討論出一個解決方案，感覺上我們就好像是「實驗」了大家是不是真的有在關心會議。

B小姐

園部

真的耶！讓我們繼續執行這個解決方案吧！謝謝你！

啪啪啪啪！

那麼，接下來請C先生發言。

C先生

我覺得非常有趣。

園部

太好了！感謝您！

啪啪啪啪！

好的，接下來有請D先生。

D先生

今天謝謝大家。因為每個人都必須要講話，所以我也可以輕鬆講出自己的意見，還可以聽到大家提出的問題，我覺得非常有意義。

謝謝你。

那麼，最後有請E先生。

過去經歷過許多意見非常偏頗的會議，但這次卻完全沒有那種情形發生。多虧了KJ法呢！所有人都可以講述自己的意見。能夠感受到那種公平性，感覺真好。

最後，和前面的方式一樣，再次和全體與會成員確認。

真的是會很公平呢！感謝你的回饋，讓我覺得好欣慰。
好的！現在是13點53分。感謝大家的協助，我們可以準時結束這場會議。

今天所決定的內容，我會再進行整理，並且在下次會議前分享給各位。
下次的會議會在1週後的○月○日○點開始。我們會進入解決問題階段，針對今天所決議的「漠不關心」進行原因分析、尋找解決方案。
那麼，今天就到這裡了！

Time | 會議的流程 | 備註

大家辛苦了！

13：55 ▶ 在5分鐘前從容結束

POINT

隨時表達感謝之意

針對達成決議這件事情，首先就是要表示感謝。大家提出意見時、討論結束後等都要有意識地說聲「謝謝」。雖然只是一件小事，但卻是可以幫助溝通更加順利的祕訣之一。

詢問對整體會議的感想

「請每個人針對參加這場會議的感想，說一句話！」之類的，用這種方式詢問大家的感想是最恰當的。

說完感想後，請大家掌聲鼓勵

每個人發表完感想後，就要給予掌聲鼓勵。有些人不習慣拍手，會覺得有點怪怪的，但是看到大家對自己發表的意見拍手，通常也會覺得心情很好。不過，如果全部都是高階主管時，給予掌聲後氣氛可能會變得很詭異，所以還是要視狀況再決定是否要拍手。

告訴大家會準時結束會議

告訴全體與會成員，我們會準時結束會議。讓大家覺得「這個人是會議思路導引師，所以他會準時讓會議結束，可以放心進行」。

column

一點點失誤並不算失敗

和大家分享了實際會議的「現場直播」。各位是否已經掌握住訣竅了呢？

幫大家再複習一次，會議當天必須根據先前準備好的議程進行。議程中應有的基本內容如下。

·會議名稱

·會議目的、目標

·開場

當天的會議進行方式

破冰活動

·討論內容

釐清會議課題

鎖定重要課題

·聚焦

回顧反思（感想分享）

理解上述每一項重點後，請「實踐它」。剛成為主管或是剛開始擔任會議思路導引師的「新人」們，一開始實踐時可能會有很多的擔心，像是「能夠準時結束嗎」、「問題的設計方法沒問題嗎」、「是否真的可以用KJ法確實進行整理呢」等，但是都沒有關係。

只要能夠熟練本書中所撰寫的程序，就不會有太大的差錯。

如果是忘記要拍手鼓勵、應該出聲的地方沒出聲等小細節，只要下次記得就能夠補救回來。

透過KJ法用便利貼收集、分類意見的方法時，有時候可能會覺得疑惑「這個意見，應該要分類在哪裡比較恰當呢？」但是我們可以從多次失敗中學習。**失敗是一個很重要的學習經驗！所以，沒關係的，請別太在意**。

結語

本書是我在擔任各種會議改善諮詢顧問、會議思路導引師時，經歷各種錯誤後所累積而成的Know-How，在此毫無保留地分享給大家。

雖然曾經翻閱過許多與會議導引相關的書籍，但是發現對於實踐的部分幫助並不大，眞正執行時往往會遇到一些瓶頸，因此當時的我就決定自己要來寫一本會讓人覺得「有這樣的書眞好啊！」的書。

如果是主管或是專案負責人，想要引導出與會成員的意見、提高團隊生產力的人都必須具備會議導引的能力。

那麼，除此之外的人就不需要這些能力了嗎？話也不是這麼說。

我認爲只要是在職場上工作的人，不論年齡、職位高低、性別，「解決問題」、「企劃」、「思考執行方案」等都是必要的能力。

從現在開始，年輕人特別是新進員工都應該要學習這些能力，未來一定都可以成爲拓展個人工作視野的能力。

我認爲不僅是主管或是會議主持人都應該要學會這些技能，如果對年輕人也有所助益，更是我的榮幸。

話說回來，在上班族時期，有一件工作是我迄今難忘的回憶。那是在我還精神充沛、體力充足的40出頭歲、擔任「組織變革專案」專案負責人時所發生的事。

當時我一年要全權主持1000場會議，每天開4～5場會議都很正常。爲了開會，我必須一直待在公司，並且在完全不了解組織變革的正確答案下，要求衆人集思廣益、通力合作。

在那樣的日子裡，好幾次都讓我覺得非常沮喪。

最後勉強能夠成功是因爲有一些一起執行這項工作的夥伴。主管以及前輩也都很鼓勵我，再加上妻子的支持，在那段時間裡我終於克服了原本不擅長的溝通能力。

感謝的話實在是說不完。

然後，還有一些東西給了我很重要的支撐力量。

那就是本書中所提及的會議導引能力。

如果沒有具備這些會議導引能力，或許我在過程中就會因爲挫敗而退縮。對於一些困難的課題，必須「釐清現況並且找出應有的狀態」、釐清並且鎖定「原因」，然後再釐清並且鎖定「解決方案」。

也就是說，如果能夠有毅力地持續執行本書所傳達的各項技巧，最終必能達成目標。

如果沒有學會這些會議導引能力，現在的我一定還會覺得很恐慌。

一旦具備這些會議導引能力，會議思路導引師在進行會議時就能夠和與會成員站在同一陣線。

期望每次會議結束之際，每個人都可以和所有與會成員踩著相同的步調邁向「更優質的工作」、都可以充滿幹勁地往前邁進。相信本書應該可以助各位一臂之力。

會議導引，絕對是最強大的商業技巧。

作者　敬上

免費
大放送！

讀者限定
專屬下載禮！

最強會議思路導引師　養成懶人包

本書中最實用的
「會議議程設計」、「會議思路導引確認表」
敬請多加利用！

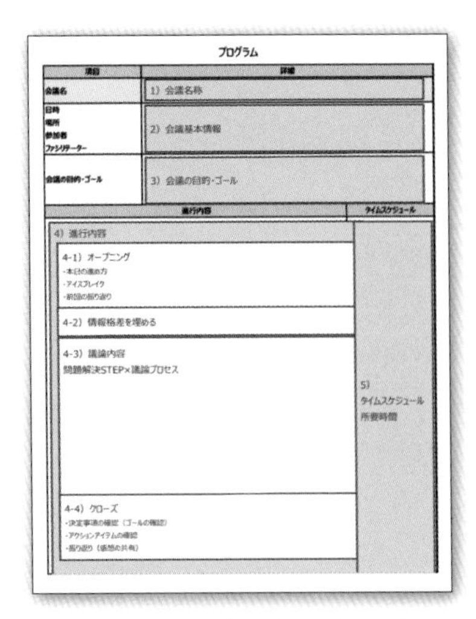

プログラム

項目	詳細
会議名	1）会議名称
日時 場所 参加者 ファシリテーター	2）会議基本情報
会議の目的・ゴール	3）会議の目的・ゴール

進行内容	タイムスケジュール
4）進行内容 4-1）オープニング -本日の進め方 -アイスブレイク -前回の振り返り 4-2）情報格差を埋める 4-3）議論内容 問題解決STEP×議論プロセス 4-4）クローズ -決定事項の確認（ゴールの確認） -アクションアイテムの確認 -振り返り（感想の共有）	5） タイムスケジュール 所要時間

可以自行設計的會議議程表

ファシリテーション：チェックリスト

會議思路導引確認表

参考文獻

『世界で一番やさしい会議の教科書　実践編』　榊巻亮（日経 BP）

『世界で一番やさしい会議の教科書』（入社 2 年目の女子がグダグダ会議を変える!）　榊巻亮（日経 BP）

『会議ファシリテーションの基本が身につく本』　釘山健一（すばる舎）

『リーダーのためのファシリテーションスキル』　谷益美（すばる舎）

『会議を変えるワンフレーズ』　堀公俊（朝日新聞出版）

『人を動かすファシリテーション思考』　草地真（ぱる出版）

『ファシリテーターの道具箱』　森時彦（ダイヤモンド社）

『ザ・ファシリテーター』　森時彦（ダイヤモンド社）

『ザ・ファシリテーター 2』　森時彦（ダイヤモンド社）

『ファシリテーター養成講座』　森時彦（ダイヤモンド社）

『組織変革ファシリテーター　ファシリテーション能力「実践講座」』　堀公俊（東洋経済新報社）

『ファシリテーションの教科書』　グロービス（東洋経済）

『最高の結果を出すファシリテーション』　山田豊（ナツメ社）

『紙一枚で身につく!外資系コンサルのロジカルシンキング』　大石哲之（宝島社）

『ロジカルシンキングが身につく入門テキスト』　西村克己（中経出版）

『ロジカルシンキングの技術』　HR インスティテュート（PHP）

『問題解決で面白いほど仕事がはかどる本』　横田尚哉（あさ出版）

『問いのデザイン』　安斎勇樹、塩瀬隆之（学芸出版社）

『プロの課題解決力』　渡辺パコ（かんき出版）

國家圖書館出版品預行編目資料

會議思路導引超級技巧 / 園部浩司作；張萍譯. -- 初版. -- 臺北市：書泉出版社，2021.11
面；公分
譯自：ゼロから学べる！ファシリテーション超技術
ISBN 978-986-451-233-1(平裝)

1. 會議管理

494.4　　110014960

3M8H

會議思路導引超級技巧

作　　者 — 園部浩司
譯　　者 — 張　萍
發 行 人 — 楊榮川
總 經 理 — 楊士清
總 編 輯 — 楊秀麗
主　　編 — 侯家嵐
責任編輯 — 吳瑀芳
文字校對 — 葉瓊瑄
封面設計 — 王麗娟
插　　圖 — 森木愛弓
出 版 者 — 書泉出版社
地　　址：106台北市大安區和平東路二段339號4樓
電　　話：(02)2705-5066　　傳　　真：(02)2706-6100
網　　址：https://www.wunan.com.tw
電子郵件：shuchuan@shuchuan.com.tw
劃撥帳號：01303853
戶　　名：書泉出版社

總 經 銷：貿騰發賣股份有限公司
地　　址：23586新北市中和區立德街136號6樓
電　　話：886-2-82275988　傳　　真：886-2-82275989
網　　址：www.namode.com

法律顧問　林勝安律師事務所　林勝安律師

出版日期　2021年11月初版一刷
定　　價　新臺幣320元

經典永恆·名著常在

五十週年的獻禮——經典名著文庫

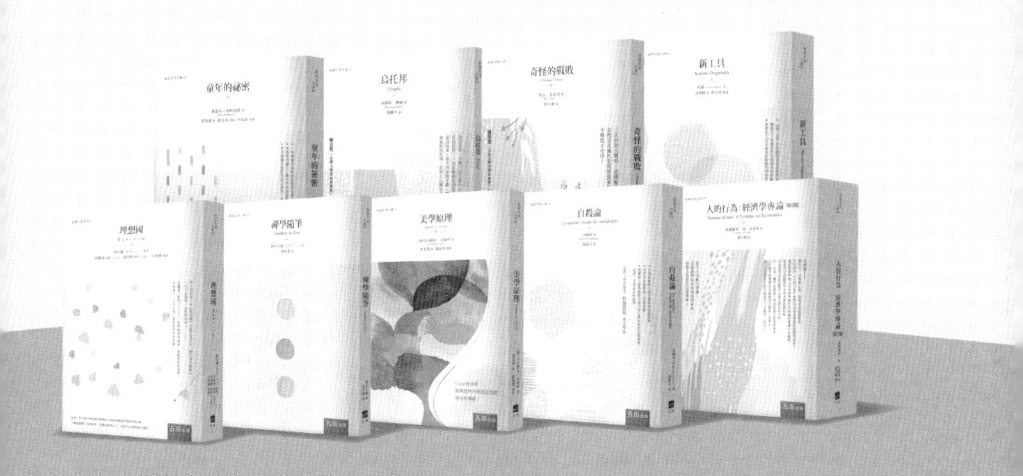

五南，五十年了，半個世紀，人生旅程的一大半，走過來了。
思索著，邁向百年的未來歷程，能為知識界、文化學術界作些什麼？
在速食文化的生態下，有什麼值得讓人雋永品味的？

歷代經典·當今名著，經過時間的洗禮，千錘百鍊，流傳至今，光芒耀人；
不僅使我們能領悟前人的智慧，同時也增深加廣我們思考的深度與視野。
我們決心投入巨資，有計畫的系統梳選，成立「經典名著文庫」，
希望收入古今中外思想性的、充滿睿智與獨見的經典、名著。
這是一項理想性的、永續性的巨大出版工程。
不在意讀者的眾寡，只考慮它的學術價值，力求完整展現先哲思想的軌跡；
為知識界開啟一片智慧之窗，營造一座百花綻放的世界文明公園，
任君遨遊、取菁吸蜜、嘉惠學子！